3D打印快速制造系列教材

快速成型及
真空注型技术与应用

主编　王永信

西安交通大学出版社
XI'AN JIAOTONG UNIVERSITY PRESS

内容提要

本书包括两部分。第一部分讲述了快速成型技术的分类和原理,介绍了光固化快速成型设备的软、硬件原理,设备操作以及维护。第二部分介绍了快速成型模型的后期处理方法,以及如何利用真空注型技术及低压模具技术实现产品的小批量制造。

本书是为学习快速成型(也称 3D 打印)技术而编写。书中全部实例均有详细的操作步骤及附图。本书符合应用型人才培养的需要,可作为应用型本科院校、高职高专院校、成人高校等机电一体化、数控技术、模具等机械类专业"快速成型技术"、"3D 打印技术"、"真空注型技术"或"快速软模制作"等课程的教材,也可供从事相关工作的工程技术人员参考。

图书在版编目(CIP)数据

快速成型及真空注型技术与应用/王永信主编.
—西安:西安交通大学出版社,2014.7(2021.8 重印)
ISBN 978 - 7 - 5605 - 6336 - 7

Ⅰ. ①快…　Ⅱ. ①王…　Ⅲ. ①快速成型技术
Ⅳ. ①TB4

中国版本图书馆 CIP 数据核字(2014)第 134667 号

书　　　名	快速成型及真空注型技术与应用
主　　　编	王永信
责任编辑	刘雅洁　闫　康

出版发行　西安交通大学出版社
　　　　　(西安市兴庆南路 1 号　邮政编码 710048)
网　　址　http://www.xjtupress.com
电　　话　(029)82668357　82667874(发行中心)
　　　　　(029)82668315(总编办)
传　　真　(029)82668280
印　　刷　西安日报社印务中心

开　　本　727mm×960mm　1/16　印张 15.5　字数 280 千字
版次印次　2014 年 9 月第 1 版　2021 年 8 月第 4 次印刷
书　　号　ISBN 978 - 7 - 5605 - 6336 - 7
定　　价　46.00 元

前　言

随着全球经济的进一步快速发展,制造业竞争日趋激烈,产品更新速度不断加快,生产方式趋于小批量、多品种,如何缩短研发生产周期并降低成本成了制造商首要考虑的问题。快速成型(rapid prototyping,RP)技术,也被称为"3D 打印"(3D Printing)技术,就是满足这一需要的技术之一。该技术的实施堪称 20 世纪后半期制造技术最重大的进展之一。RP 技术诞生 20 余年来已在制造业得到广泛应用。国内外制造企业如通用、福特、法拉利、丰田、麦道、IBM、AT&T、摩托罗拉、长安、华晨、一汽、上海电气、方太、步步高等,均积极在产品设计开发过程中采用这项技术,进行新产品的设计检验、外观评审、装配实验、动态分析等。国内外军工企业也利用 RP 技术开展产品的光弹应力分析、风洞实验等,从而成功地实现了面向市场的产品造型设计敏捷化。

快速成型技术集成了 CAD 技术、数控技术、激光技术和材料技术等现代科技成果,是先进制造技术的重要组成部分。RP 技术可以在不用模具的条件下生成几乎任意复杂的零部件,极大地提高了生产效率和制造柔性。它可以在原始设计的基础上快速生成实物,也可以用来放大、缩小、修改和复制实物等。使设计师可从实物出发,快速找出不足,不断改进、完善设计。

真空注型技术是先进制造技术的重要组成部分,它可直接根据 RP 生成模型快速生产样件或零件。真空注型技术的主要特点是可以实现快速、低成本、小批量制造,从而优化零件的设计、缩短测试样件的制造周期。

但 RP 技术并未止步于工业应用,还可广泛地用于建筑、艺术、医学、日常生活等领域。将来有一天,孩子想要新玩具,老人想下象棋,你想换一个新杯子,而你所要做的不是去商店采购,只是下载几份图纸,然后在自家的 RP 设备上把它们制作出来。未来的医生需要为病人做器官移植手术时,手术前医生可以操作 RP 设备打印出需要的心脏瓣膜或肺。历史上很多发明都是颠覆性的,RP 就是这样。可以预见,在不久的将来,RP 技术及设备将像电脑一样改变我们的生活,改变世界。

我国在快速制造方面开展了大量的研究工作,国家"九五"、"十五"均有"激光快速成型制造研究开发"重点科技攻关项目,国家自然科学基金项目、国家 863 项目也在快速成型制造的 CAD 建模、分层数据处理、设备与工艺、材料合成与制备等方面进行了大量的研究工作，有很好的研究基础，并已实现成果产业化，成立了快速制造国家工程研究中心，建设有国家教育部快速成型制造技术工程研究中心，国家科技部的快速成型生产力促进中心，国家科技部的快速成型制造网络信息中心。制造出了工业化样机，价格远低于国外设备，为这一技术的应用和设备的产业化打下了良好基础。国家自然科学基金专项基金支持宣传推广快速成型技术。目前已建成国家级西北RP&M（快速成型制造）生产力促进中心，并在全国各地合作组建30多家RP&M技术服务中心。

全书编者均为在一线从事相关科研及教学工作多年的中青年教师。全书由西安交通大学王永信组织编写；第一部分由教育部快速成型工程研究中心牛磊磊编写；第二部分由西安交通大学修永明编写。长江学者特聘教授、西安交通大学李涤尘教授对书稿进行了审阅并提出了许多宝贵建议。参加编写的还有快速制造国家工程研究中心、教育部快速成型工程研究中心的李虎城、张冲、丁军涛等同志。在本书编写过程中集采众家之说，参考颇多，有些资料是参考互联网上发布或转发的信息，部分已无法查明出处，在此向原作者所付出的辛勤劳动表示衷心感谢。

本书注重创新，以突出操作技能为主导，立足于应用。书中全部实例均有详细的操作步骤及附图，读者可以依据本书进行操作练习，边学边练。由于笔者水平有限，加之时间仓促，书中难免存在疏漏与不妥之处，敬请读者批评指正，以便在本书修订时予以完善。

（联系方式：market@china-rpm.com）

编　者

2013 年 12 月

目　录

第1章 快速成型技术及原理

1.1 推广快速成型技术的意义

在新产品的开发过程中,经常需要对所设计的零件或整个系统在投入大量资金组织加工或装配之前,制作一个样品或原型。这样做主要是因为生产成本昂贵,而且模具的生产需要花费大量的时间准备。因此,在准备制造和销售一个复杂的产品系统之前,快速成型制作的原型可以用于对产品设计进行评价、修改和功能验证。

一个产品的典型开发过程是从前一代的原型中发现错误或从进一步研究中发现更有效和更好的设计方案,而一件原型的生产极其费时,模具的准备需要几个月,一个复杂的零件用传统方法加工更是困难。例如,我国是一个家电消费大国,近年来引进成套技术和生产线,使我国拥有了一定的生产能力,但由于没有新产品的开发能力,使我国在产品更新换代中,每每落后。新产品的开发能力,不仅在于一个性能优良的产品设计,而更取决于将一个好产品迅速推向市场这一过程中的试制能力,即快速制造的能力。与家电一样,汽车工业发展的关键在于工模具的快速制造能力。国外拥有 CAD、RP&M(快速成型制造)等先进开发手段,机电产品开发周期一般为 3—6 个月,而我国现有的技术条件,则需 24 个月。RP&M 技术在我国的开发与产业化、工程化应用,将以高新技术更新我国传统的制造业,给汽车工业、家电工业等制造业带来快速开发能力,促进这些支柱产业快速的发展。

快速成型(rapid prototyping)技术是 20 世纪 80 年代末及 90 年代初在美国形成的高新制造技术,其重要意义可与数控技术(CNC)相比,是直接根据 CAD 模型快速生产样件或零件的成组技术总称。它集成了 CAD 技术、数控技术、激光技术和材料技术等现代科技成果,是先进制造技术的重要组成部分。与传统制造方法不同,快速成型从零件的 CAD 几何模型出发,通过软件分层离散和数控成型系统,用激光束或其它方法将材料堆积而形成实体零件。由于它是把复杂的三维制造转化为一系列二维制造的叠加,因而可以在不用模具和工装的条件下生成几乎任意复杂的零部件,极大地提高了生产效率和制造柔性。

目前国际上对此技术的称谓有数种,如快速成型制造(rapid prototyping),薄层制造(layer manufacturing)、立体印制技术(stereo lithography appatatus)、三维

打印(3D printing)以及直接 CAD 制造技术(direct CAD manufacturing)等。目前商业化的主要成形工艺有立体光刻法(SL, stereo lithography)、叠层制造法(LOM, laminated object manufacturing)、选择性激光烧结法(SLS, selective laser sintering)、熔融沉积法(FDM, fused deposition modeling)、掩模固化法(SGC, solid ground curing)、三维印刷法(TDP, three dimensional printing)、喷粒法(BPM, ballistic particle manufacturing)等。

　　快速成型制造技术采用材料累加的新成型原理,直接由 CAD 数据制成三维实体模型。这一技术不需要传统的刀具、机床、夹具,便可快速而精密地制造出任意复杂形状的零件模型。RP 模型可用于设计评估和性能试验,也可以快速地进一步翻制成模具,使企业形成小批量生产能力。用 RP&M 技术制造模型,可使成本下降为数控加工的 1/3—1/5,周期缩短为 1/5—1/10。RP&M 是一个由三维 CAD(或三维数模)→模型→模具→批量生产的高效率集成制造技术,能极大地提高企业新产品开发能力和市场竞争力。

　　RP&M 在美国、日本、欧洲已广泛应用于汽车、电子电器、航空航天、造船、医疗卫生等工业领域。全世界 RP 成型机销售量已达 3000 多台,已形成一个新产业。主要供应商为美国 3D SYSTEMS、日本 CMET、德国的 EOS 等公司。在美国,不仅大企业(如三大汽车公司、麦道、波音等)采用了 RP&M 技术,而且全国已建立了 200 多家专业小公司,以 RP&M 技术为广大中小企业的产品开发服务。统计资料表明,近三年来,RP&M 的市场营销以 59% 的速度递增,在研究和应用方面,开始由 RP 转向 RT(快速工模具制造 rapid tooling)。

　　关于 RP&M 的研究与开发,我国在快速成型制造方面开展了大量的研究工作,国家"九五"计划、"十五"计划,均有"激光快速成型制造研究开发"重点科技攻关项目,国家自然科学基金项目、国家 863 项目也在快速成型制造的 CAD 建模、分层数据处理、设备与工艺、材料合成与制备等方面进行了大量的研究工作,有很好的研究基础,并已实现成果产业化,建设有快速制造国家工程研究中心,教育部快速成型制造技术工程研究中心,国家科技部快速成型生产力促进中心,国家科技部快速成型制造网络信息中心。目前制造出了其工业化样机,价格远低于国外设备,为这一技术的应用和设备的产业化打下了良好基础。建成国家级西北 RP&M 生产力促进中心,并在苏州、沈阳、上海、深圳、重庆、宁波、广西、河南、新疆、潍坊等地合作组建一批 RP&M 技术服务中心。在此基础上又研发出利用固体激光器的 SPS 系列激光快速成型机,大大提高了加工速度,目前 SPS 型固体激光快速成型机将加工效率提高到 LPS 气体激光快速成型机效率的 3—5 倍,每小时生产零件重量最大可达 100 g,平均 40 g/h。

快速成型技术的优点：

1. 快速成型是一种使设计概念可视化的重要手段，计算机辅助设计的零件模型可以在很短时间内被加工出来，从而可以很快地对设计结果进行评估验证。

2. 由于它是将复杂的三维型体转化为二维截面来解决的，因此，它能制造任意复杂形体的高精度零件，而无需任何工装模具。

3. 快速成型是一种重要的先进制造技术，当采用适当的材料时，原型可以被用在后续生产操作中以获得最终产品。

4. 快速成型技术可以应用于模具制造和精密铸造，可以快速、经济地获得模具。产品制造过程几乎与零件的复杂性无关，可实现自由制造（free-form fabrication），这是传统制造方法无法比拟的。

1.2　快速成型的基本原理

基于材料累加原理的快速成型技术实际上是一层一层地离散制造零件。为了形象化这种操作可以想象为：长城是由一层砖一层砖，层层累积而成的。快速成型有很多种工艺方法，但所有的快速成型工艺方法都是一层一层地制造零件，区别是制造每一层的方法和材料不同而已。

快速成型的一般工艺过程原理如下：

1. 三维模型的构造

在三维 CAD 设计软件（如 Pro/E、UG、CATIA、SolidWorks、SolidEdge、CAXA、AutoCAD 等）中获得描述该零件的 CAD 文件，如图 1-1 所示的三维零件，再输出格式为 STL 的数据模型（输出方法后面介绍）。

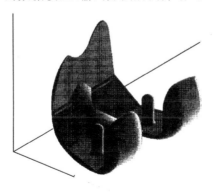

图 1-1　零件的三维模型

2. 三维模型的面型化处理

目前一般快速成型支持的文件输入格式为 STL 模型,即通过专用的分层程序将三维实体模型分层,也就是对实体进行近似处理,即所谓面型化(tessallation)处理,是用平面近似模型表面分层。如图 1-2 所示,分层切片是在选定了制作(堆积)方向后,对 CAD 模型进行二维离散,获取每一薄层的截面轮廓信息。这样处理的优点是大大地简化了 CAD 模型的数据信息,更便于后续的分层制作。由于它在数据处理上比较简单,而且与 CAD 系统无关,所以 STL 数据模型很快发展为快速成型制造领域中 CAD 系统与快速成型机之间数据交换的标准格式。

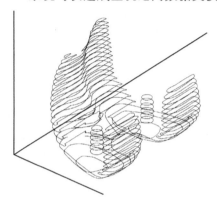

图 1-2　零件被分层离散

面型化处理,是通过一簇平行平面,沿制作方向将 CAD 模型相切,所得到的截面交线就是薄层的轮廓信息,而填充信息是通过一些判别准则来获取的。平行平面之间的距离就是分层的厚度,也就是成型时堆积的单层厚度。在这一过程中,由于分层破坏了切片方向 CAD 模型表面的连续性,不可避免地丢失了模型的一些信息,导致零件尺寸及形状误差的产生,所以切片分层的厚度直接影响零件的表面粗糙度和整个零件的型面精度。分层切片后所获得的每一层信息就是该层片上下轮廓信息及填充信息,而轮廓信息由于是用平面与 CAD 模型的 STL 文件(面型化后的 CAD 模型)求交获得的,所以,分层后所得到的模型轮廓线已经是近似的,而层层之间的轮廓信息已经丢失,层厚度越大,丢失的信息多,导致在成型过程中产生的型面误差越大。综上所述,为提高零件精度,应该考虑更小的切片层厚度。

以 Pro/E 为例,在制作完成如图 1-3 所示的模型以后,在文件下拉菜单中,选取保存副本,如图 1-4 所示的保存副本对话框,选取后缀. stl 格式,确定后,显示如图 1-5 所示的输出 STL 对话框,将弦高度和角度控制值尽可能取小,输出效果好。点击确定,STL 文件即生成。模型显示如图 1-6 所示。

图 1-3　Pro/E 建造模型

图 1-4　保存副本对话框

图 1-5　输出 STL 对话框

图 1-6　显示 STL 模型

3. 层截面的制造与累加

根据切片处理的截面轮廓,单独分析处理每一层的轮廓信息。面是由一条条线构成的,编译一系列后续数控指令,扫描线成面。为快速原型机器提供关于零件制造的详细资料。如图1-7所示,显示了在熔积成型中一个截面喷头的工作路径。在计算机控制下,快速成型系统中的成型头(激光扫描头、喷头、切割刀等)在 x-y 平面内自动按截面轮廓进行层制造(如激光固化树脂、烧结粉末材料、喷射粘接剂、切割纸材等),得到一层层截面。每层截面成型后,下一层材料被送至已成型的层面上,进行后一层的成型,并与前一层相粘接,从而一层层的截面累加叠合在一起,形成三维零件。成型后的零件原型一般要经过打磨、涂挂或高温烧结处理(不同的工艺方法处理工艺也不同),进一步提高其强度。

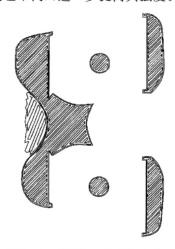

图1-7　截面加工的挤压路径

1.3　快速成型技术的应用

目前快速成型技术能够快速制作样件,进行新产品评估、鉴定、优化设计,避免设计中的失误和缺陷。通过样件实际测试、优化零件的设计,缩短测试样件的制造周期,增加样件的测试项目,缩短零件的设计周期,缩短新产品的开发周期等。该技术被广泛应用在新产品概念设计、产品设计审定、零件工程测试、零件整体配合及评估、产品的功能测试与结构分析、产品样品(首板)制作、产品的市场推广、生产的可行性研究等制造领域,也可以为硅胶模、金属喷涂模等快速经济制模技术提供母件。RP技术是机械工程、CAD、数控技术、激光技术以及材料科学的技术集成,

它与快速反求技术、快速模具制造技术及快速精铸技术一起构成了快速成型制造
(RP&M)系统,如图 1-8 所示。目前 RP&M 技术已经广泛应用于家电、汽车、航
空航天、船舶、工业设计、医疗、建筑等领域,并且随着这一技术本身的发展和完善,
其应用将不断拓展。

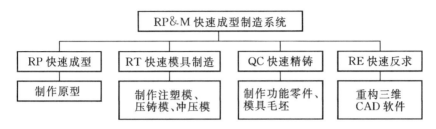

图 1-8　快速成型制造系统的组成框图

美国专门从事快速成型制造技术咨询服务的 Wohlers 协会在 2011 年度报告
中,对各行业的应用情况进行了分析。图 1-9 显示过去的三年中的快速成型技术
应用的产业领域状况。消费商品和电子领域仍占主导地位,但是比例从23.70%降
低到 20.60%;机动车领域从 19.10%降低到 17.90%;研究机构为7.90%;医疗和牙
科领域从 13.60%增加到 15.90%;工商业设备领域为 12.90%;航空航天领域为
9.90%。在过去的几年中,医疗和牙科是快速成型制造技术的第三大应用领域。

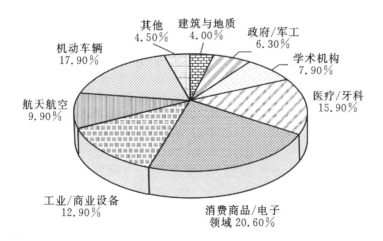

图 1-9　RP 技术应用情况分析

图 1-10 给出了快速成型技术的主要应用功能的比例。它包括直观展具:用
于工程师、设计师、工具制造者、建筑师、医学专家与用户沟通交流的辅助工具;展

示模型,例如地理信息系统模型;功能模型;装配模型;快速模具原型,例如硅橡胶模具;金属铸造模型;工模具部件;直接数字/快速制造,例如定制化零件、替代物零件等。

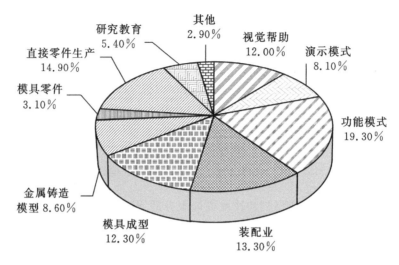

图 1-10　RP 技术主要应用功能的比例

世界上许多国家与地区都在开发或应用增材制造(AM)技术。增材制造系统的数量一定程度上表现了国家的经济活力与创新能力。图 1-11 展示了自 1988 年到 2010 年,主要国家与地区的 AM 设备的数量情况。美国、日本、德国、中国成为主要的设备拥有国。

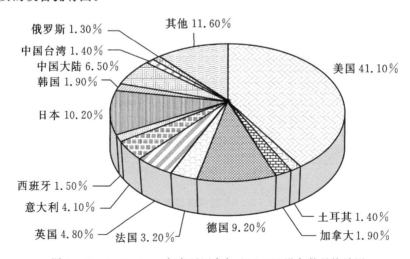

图 1-11　1988-2010 年主要国家与地区 AM 设备数量统计图

传统的手工模型制作与快速成型制作在产品的设计与评估中的比较见表1-1。

表 1-1　传统的手工模型制作与快速成型制作在产品的设计与评估中的比较

项　目	传统的手工模型制作	快速成型制作
制作精度	低	高
制作时间	较长	较短
表面质量	差	高
可装配性	不可装配	较好
外形逼真程度	较差	与实物一致
美观效应	较差	好
制作成本	低	高

由上表中的比较可以看出,虽然快速成型制作的成本高一些,但在新产品的快速开发成为企业生存与发展瓶颈的市场环境下,快速成型制作已成为企业新产品开发的必要环节。

目前 RP&M 技术的应用主要有以下几个方面。

1. 产品设计评估与审核

为提高设计质量,缩短生产试制周期,快速成型系统可在几个小时或几天内将设计人员的图纸或 CAD 模型转化成看得见、摸得着的实体模型。这样就可根据原型进行设计评定和功能验证,迅速地取得用户对设计的反馈信息。同时也有利于产品制造者加深对产品的理解,合理确定生产方式、工艺流程。与传统模型制造相比,快速成型方法不仅速度快、精度高,而且能够随时通过 CAD 进行修改与再验证,使设计走向尽善尽美。

2. 产品功能试验

在 RP 系统中使用新型光敏树脂材料制成的产品零件原型具有足够的强度,可用于传热、流体力学试验。例如,美国通用汽车公司(GM)在为其 1997 年推出的某车型开发中,直接使用 RP 生成的模型进行车内空调系统、冷却循环系统及冬用加热取暖系统的传热学试验,较之以往的同类试验节省花费 40% 以上。克莱斯勒汽车公司则直接利用 RP 制造的车体原型进行高速风洞流体动力学试验,节省成本达 70%。

3. 与客户或订购商的交流手段

在国外,RP 原型成为某些制造商家争夺订单的手段,例如位于底特律的一家仅组建两年的制造商,由于装备了两台不同型号的快速成型机及以此为基础的快速精铸技术,仅在接到福特公司标书后的 4 个工作日内便生产出了第一个功能样件,从而在众多的竞争者中夺得了为福特公司生产年总产值 3000 万美元的发动机缸盖精铸件的合同。另一方面,客户总是更乐意对实物原型"指手划脚",提出对产品的修改意见,因此 RP 模型是设计制造商就其产品与客户交流沟通的最佳手段。

4. 快速模具制造

以 RP 生成的实体模作模芯和模套,结合精铸、粉末烧结或电极研磨等技术可以快速制造出企业产品所需要的功能模具或工艺装备,其制造周期一般为传统的数控切削方法的 1/5—1/10,而成本仅为其 1/3—1/5。模具的几何复杂程度越高,这种效益愈显著。据一家位于美国芝加哥的模具供应商(仅有 20 名员工)声称,其车间在接到客户 CAD 设计文件后一周内可提供任意复杂的注塑模具,而实际上 80% 的模具可在 24—48 小时内完工。

5. 医学应用

例如,利用 CT 扫描和核磁共振图像所得到的器官数据制作模型,以策划头颅、面部和牙齿的外科手术,进行复杂手术的演习,为骨移植设计样板,或将其作为 X 光检查的参考手段。

6. 并行工程

在现代制造技术领域中,提出了并行工程(concurrent engineering)的方法,它以小组协同工作(team work)为基础,通过网络共享信息资源,来同步考虑产品设计、制造中的有关上下游问题,从而实现并行设计的思想。然而,仅仅依靠计算机及其提供的数字模拟,没有必要的物理手段,也难于完美地进行并行设计。采用快速成型技术后,设计者在设计的最初阶段,就能拿到实在的产品样品,并可在不同阶段快速地修改、重做样品,甚至做出试制用的模具及少量产品,据此判断有关上下游的各种问题,这给设计者创造了一个优良的设计环境。快速成型技术是真正实现并行设计的强有力手段。

1.4　快速成型的工艺方法

目前快速成型的主要工艺方法及其分类如图 1-12 所示。快速成型技术从产生以来,出现了十几种不同的方法。本书仅介绍目前工业领域较为常用的工艺方法。而目前占主导地位的快速成型技术共有四类:

光固化成型(stereo lithography apparatus,简写 SLA);

熔积成型(fused deposition modeling,简写 FDM);

选择性激光烧结(selective laser sintering,简写 SLS);

薄材叠层制作(laminated object manufactur-ing,简写 LOM)。

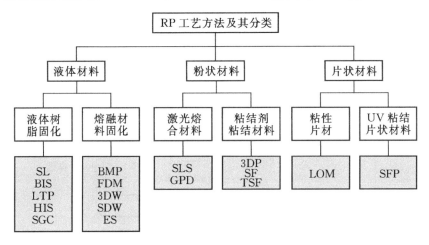

图 1-12 快速成型主要工艺方法及共分类

1.4.1 光固化成型法(SLA)

光固化法(SLA)是目前应用最为广泛的一种快速原型制造工艺。光固化法采用的是将液态光敏树脂固化(硬化)到特定形状的原理。该工艺以光敏树脂为原料,在计算机控制下的激光或紫外光束按预定零件各分层截面的轮廓为轨迹对液态树脂逐点扫描,使被扫描区的树脂薄层产生光聚合反应,从而形成零件的一个薄层截面。

如图 1-13 所示,成型开始时工作台在它的最高位置(深度 a),此时液面高于工作台一个层厚,激光器产生的激光在计算机控制下聚焦到液面并按零件第一层的截面轮廓进行快速扫描,使扫描区域的液态光敏树脂固化,形成零件第一个截面的固化层。然后工作台下降一个层厚,在固化好的树脂表面再敷上一层新的液态树脂然后重复扫描固化,与此同时新固化的一层树脂牢固地粘接在前一层树脂上,该过程一直重复操作到达到 b 高度。此时已经产生了一个有固定壁厚的环形零件。这时可以注意到工作台在垂直方向下降了距离 ab。到达 b 高度后,光束在 $x-y$ 面的移动范围加大从而在前面成型的零件部分上生成凸缘形状,一般此处应添加支撑。当一定厚度的液体被固化后,该过程重复进行产生出另一个从高度 b 到 c 的环形截面。注意,周围的液态树脂仍然是可流动的,因为它并没有在光束范围内。零件就这样由下及上一层层产生。而没有用到的那部分液态树脂可以在制造中被再次利用,达到无废料加工。可以注意到在零件上大下小时,光固化成型需要一个微弱的支撑材料(在后面章节详细介绍)。在光固化成型法中,这种支撑采用的是网状结构。零件制造结束后从工作台上取下,去掉支撑结构,即可获得三维零件。

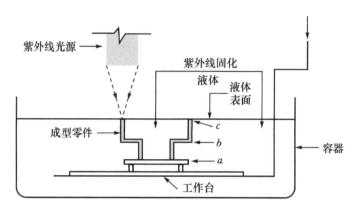

图 1 - 13　光固化成型

光固化成型所能达到的最小公差取决于激光的聚焦程度,通常是 0.125 mm。倾斜的表面也可以有很好的表面质量。光固化法是第一个投入商业应用的 RP 技术。目前全球销售的 SLA 设备约占 RP 设备总数的 70% 左右。SLA 工艺优点是精度较高,一般尺寸精度控制在 ±0.1 mm;表面质量好;原材料的利用率接近100%;能制造形状特别复杂、精细的零件。

1.4.2　熔积成型法(FDM)

熔积成型法(FDM)的过程如图 1 - 14 所示,龙门架式的机械控制喷头可以在工作台的两个主要方向移动,工作台可以根据需要向上或向下移动。

热塑性塑料或蜡制的熔丝从加热小口处挤出。最初的一层是按照预定的轨迹,以固定的速率将熔丝挤出在泡沫塑料基体上形成的。当第一层完成后,工作台下降一个层厚并开始叠加造下一层。FDM 工艺的关键是保持半流动成型材料刚好在熔点之上(通常控制在比熔点高 1℃ 左右)。

FDM 制作复杂的零件时,必须添加工艺支撑。如图 1 - 14 所示零件很难直接加工,因为一旦零件加工到了一定的高度,下一层熔丝将铺在没有材料支撑的空间。解决的方法是独立于模型材料单独挤出一个支撑材料,如图 1 - 15 所示。支撑材料可以用低密度的熔丝,比模型材料强度低,在零件加工完成后可以容易地将它拆除。

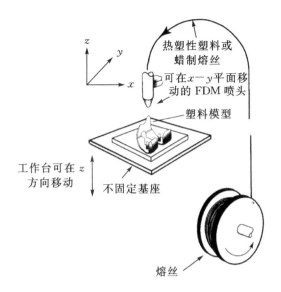

图 1-14　熔积成型法原理图

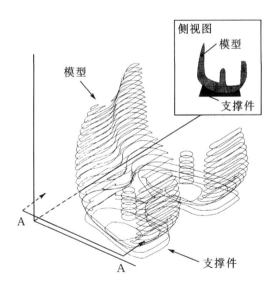

图 1-15　支撑材料

在 FDM 机器中层的厚度由挤出丝的直径决定,通常是从 0.15 mm 到 0.25 mm,这个值代表了在垂直方向所能达到的最好的公差范围。在 x-y 平面,电机的控制精度可以达到 0.025 mm,但是因为挤出丝的直径原因,所以 FDM 设备的加工精度一般只有 0.3 mm。

FDM 的优点是材料的韧性较好,设备的成本较低,工艺干净、简单、易于操作,且对环境的影响小。缺点是精度低;结构复杂的零件不易制造;表面质量差;成型效率低,不适合制造大型零件。该工艺适合于产品的概念建模以及它的形状和功能测试,中等复杂程度的中小原型,由于甲基丙烯酸 ABS 材料具有较好的化学稳定型,可采用 γ 射线消毒,特别适用于医用。

1.4.3 选择性激光烧结(SLS)

选择性激光烧结(SLS)是一种将非金属(或普通金属)粉末有选择地烧结成单独物体的工艺。该法采用激光束作为能源,目前使用的造型材料多为各种粉末材料,如尼龙、合成橡胶或金属。此工艺中的一些基本原理如图 1 - 16 所示。

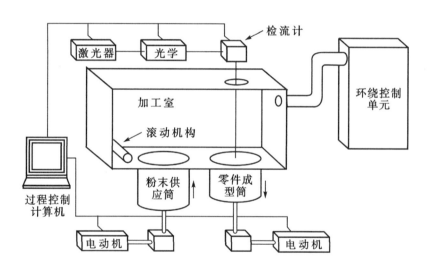

图 1 - 16 选择性激光烧结工艺路线图

在加工室的底部装备了两个圆筒:一个是粉末补给筒,它内部的活塞被逐渐地提升并通过一个滚动机构给零件造型筒供给粉末;另一个是零件造型筒,它内部的活塞(工作台)被逐渐地降低到熔结形成的地方。

首先在工作台上均匀铺上一层很薄(0.1—0.2 mm)的粉末,激光束在计算机控制下按照零件分层轮廓有选择性地进行烧结,从而使粉末固化成截面形状,一层完成后工作台下降一个层厚,滚动铺粉机构在已烧结的表面再铺上一层粉末准备进行下一层烧结。未烧结的粉末仍然是松散的保留在原来的位置,支撑着被烧结的部分,它辅助限制变形,无需设计专门的支撑结构。这个过程重复进行直到制造出整个三维模型。全部烧结完后去掉多余的粉末,进行打磨、烘干等处理后便获得需要的零件。目前,成熟的工艺材料为蜡粉及塑料粉,用金属粉或陶瓷粉进行直接烧结的工艺处于在实验研究阶段,它可以直接制造工程材料的零件,具有诱人的前景。

SLS 工艺的优点:原型件的机械性能好,强度高;无需设计和构建支撑;可选用的材料种类多;原材料的利用率接近 100%。该工艺不仅可以用来制造原型,而且可用来制造模型、型芯、模具甚至成品零件。所使用的材料包括功能塑料、耐用合成橡胶、陶瓷和金属等。该工艺生产能力大大提高,产品质量和尺寸稳定性大大改善,制造周期大大缩短,并可制成结构复杂的零件。缺点是原型表面粗糙,而且精细结构不易实现;原型件疏松多孔,需要进行后处理,且后处理的工艺比较复杂;能量消耗高;加工前需要对材料预热 2 小时,成型后需要 5—10 小时的冷却,生产效率低;成型过程需要不断充氮气,以确保烧结过程的安全性,成本较高;成型过程产生有毒气体,对环境有一定的污染。SLS 工艺特别适合制作功能测试零件。由于它可以采用各种不同成分的金属粉末进行烧结,进行渗铜等后处理,因而其制造的原型件具有与金属零件相近的机械性能,故可用于直接制造金属模具。该工艺能够直接烧结蜡粉,与熔模铸造工艺相近,特别适合进行小批量比较复杂的中小零件的生产。

1.4.4　三维印刷(TDP)

三维印刷(TDP)方法的原理如图 1－17 所示。材料使用粉末和粘接剂,采用了与喷墨打印机类似的技术,喷头在每一层铺好的粉末材料上有选择地喷射粘接剂,有粘接剂的地方材料被粘接在一起,其它的地方仍为粉末,这样层层粘接后就得到一个空间实体,然后去除粉末进行烧结就得到所要求的零件,烧结后的零件有着良好的机械性能。目前,此种工艺尚未完全商品化,存在的问题主要是表面质量不好。

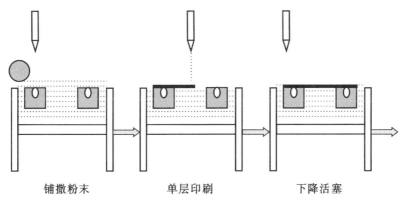

铺撒粉末　　　　　　单层印刷　　　　　　下降活塞

图 1－17　TDP 原理图

1.5　快速成型技术国内外发展现状及发展方向

1.5.1　国内外发展现状

1986年,Charles Hull开发了世界上第一套快速原型装置,次年第一代商业化快速原型制造系统在3D Systems公司问世。此后的10年间,快速成型机制造技术的研究和开发工作开展得如火如荼,知名的成功商业公司纷纷上市或快速成长,如美国STRATASYS,以色列OBJET等。

到1998年商业RP直接收入(销售RP系统和进行原型制造及原型后续加工收入)已经达到10亿美元。2011年全球设备销售与材料服务已达35亿美金,在美国、日本及欧洲等发达国家,目前已将快速成型技术应用于航空、宇航、汽车、通信、医疗、电子、家电、玩具、军事装备、工业造型(雕刻)、建筑模型、机械行业、文物考古等。

国内RP研究起步于1994年左右,清华大学、西安交通大学、南京航空航天大学、华中理工大学(现华中科技大学)、上海交通大学、中科院广州电子所等机构在成型理论、工艺方法、设备、材料、软件等方面做了大量的研究、开发工作。有些单位已开发出商品化、能做出复杂原型的RP系统。例如西安交通大学的SPS系列激光快速成型机(光固化法)、中科院广州电子技术有限公司研制的以光敏树脂为成形材料的基于分层物体制造原理的激光快速成型系统、清华大学研制的多功能快速造型系统MRPMS和基于FDM的熔融挤出成型系统(MEM-250)等。在基于快速成型技术的快速制造模具方面,上海交通大学开发了具有我国自主知识产权的铸造模样计算机辅助快速制造系统,为汽车行业制造了多种模具;隆源公司的RP服务中心也为企业制作了多种精密铸模;华中理工大学研究出了一种复膜技术快速制造铸模,翻制出了铝合金模具和铸铁模块。此外,国内的家电行业在快速成型系统的应用上,走在了国内前列。如广东的格力、美的、华宝、科龙,江苏的春兰、小天鹅,青岛的海尔等,都先后采用快速成型系统来开发新产品,获得了很好的效果。目前,国内由政府资助,正在深圳、天津等地建立一批向企业提供快速成型技术的服务机构。我们有理由相信:快速成型机在我国将得到很好的应用与极快的发展!

1.5.2　未来发展方向

①快速成型制造技术本身的发展。例如三维打印技术,使快速成型走向信息市场;金属直接成型技术使结构功能零件可直接制造。进一步的发展是陶瓷零件

的快速成型技术和复合材料的快速成型技术。

②快速成型技术应用领域的拓展。例如快速成型技术在汽车制造领域的应用为新产品的开发提供了快捷的技术支持;快速成型技术在生物假体与组织工程上的应用,为人工定制假体制造、三维组织支架制造提供了有效的技术手段。进一步是向创意设计、航空航天制造和功能结构器件领域发展。

③快速成型学术思想的发展。快速成型技术从过去的外形制造向材料组织与外形结构设计制造一体化方向发展,力图实现从微观组织到宏观结构的可控制造。例如在制造复合材料时,能否将复合材料组织设计制造与外形结构设计制造同步完成,是一个待探索的领域。

练习题

1. 常用的快速成型工艺有哪几种?
2. 简述快速成型的主要应用领域。
3. 简述快速成型的发展现状和发展方向。

第 2 章　激光快速成型机的设计

2.1　光固化法快速成型的简介

2.1.1　光固化法快速成型的种类

光固化法的快速成型按照所用光源的不同有紫外激光成型和普通紫外光成型两类,二者的区别是光波长的不同。对于紫外激光,可由 He – Cd、二极管泵浦 Nd:YAG 激光器产生,波长为 355 nm;由低压汞灯产生的光有多种频谱,其中 254 nm的光谱可以用来固化成型。采用的光源不同,对树脂的要求不同。树脂的组成不同,将表现出不同的吸收峰。采用这两类光源的方法都属光固化成型,但是,成型的机理不尽相同。前者通过激光束扫描树脂液面使其固化,后者利用紫外光照射液态树脂液面使其固化,确切地说二者的区别是一次固化的单元不同,前者为点线单元,而后者为面单元。但是二者都是基于层层堆积而形成三维实体模型的。

利用激光光束进行固化成型的方法主要是振镜扫描。振镜扫描的方法是通过两块正交检流计振镜的协调摆动实现激光束的二维扫描,摆动的频率可以很高,摆动角度为±20°的范围,只要增大扫描半径,就可增大扫描的范围。

2.1.2　激光固化快速成型的基本过程及系统功能设计

激光固化(下文简称光固化)快速成型的过程可以分为下述几个阶段,如图 2 – 1所示。

1. 制造数据的获取

由于光固化快速成型技术是基于层堆积概念的,所以层层制造之前必须获得每一层片的信息,将 CAD 模型数据转换成成型机系统需要的各种数据。通常是将 CAD 模型沿某一方向分层切片(slice)形成类似等高线的一组薄片信息,包括每一薄片的轮廓信息和实体信息。

目前的分层处理需要先对 CAD 模型作近似化处理(tessellation),转换成标准的 STL 文件格式,然后再进行分层。几乎所有商用的 CAD 软件都配备了 STL 文件接口,CAD 模型可以直接转换成 STL 文件格式。关于如何输出 STL 数据我们会在以后的章节详细介绍。

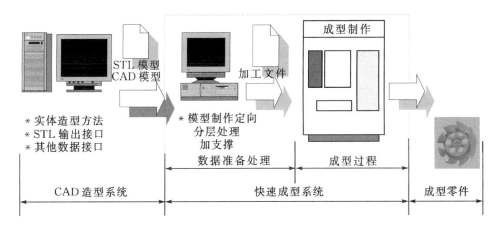

图 2 - 1　激光固化快速成型基本过程

2. 层准备

层准备过程是指在获取了制造数据以后,在进行层层堆积成型时,扫描前每一待固化层液态树脂的准备。由于这种层堆积成型的工艺特点必须保证每一薄层的精度,才能保证层层堆积后整个模型的精度。层准备通常是通过涂层系统(recoating system)来完成的。

层准备有两项要求:一是准备好待固化的一薄层树脂;二是要求保证液面位置的稳定性和液面的平整性。当一薄层固化完后,为满足第二项的要求,这一薄层必须下降一层厚的距离,然后在其上表面涂上一层待固化的树脂(recoating),且维持树脂的液面处在焦点平面不变或在允许的范围内变动。这是因为激光束光斑的大小直接影响到单层的精度及树脂的固化特性,所以必须保证扫描区域内各点光斑的大小不变,而激光束经过一套光学系统聚焦后,焦程就是确定了的。在层准备过程中,由于树脂本身的黏性,表面张力的作用以及树脂固化过程中的体积收缩,完成涂层并维持液面不动并非易事。

3. 层固化

层固化是指在层准备好了以后,用一定波长的紫外激光束按分层所获得的层片信息以一定的顺序照射树脂液面使其固化为一个薄层的过程。单层固化是堆积成型的基础,也是关键的一步。因此,首先需提供具有一定形状和大小的激光束光斑,然后实现光斑沿液面的扫描。振镜扫描法通过数控的两面振镜反射激光束使其在树脂液面按要求进行扫描,包括轮廓扫描和内部填充扫描,从而实现一个薄层的固化。

4. 层层堆积

层层堆积实际上是前两步(层准备与层固化)的不断重复。在单层扫描固化过程中,除了使本层树脂固化外,还必须通过扫描参数及层厚的精确控制,使当前层与已固化的前一层牢固地粘结到一起。堆积工艺必须保证层与层正好粘结,避免因为能量过大导致成型层变形。层层堆积与层固化是一个统一的过程。

5. 后处理

后处理是指整个零件成型完后对零件进行的辅助处理工艺,包括零件的取出、清洗、去除支撑、磨光、表面喷涂以及后固化等再处理过程。有些成型设备还需对零件进行二次固化,常称为后固化(post curing)。其原因是由于树脂的固化性能以及采用不同的扫描工艺,使得成型过程中零件实体内部的树脂没有达到完全固化(表现为零件较软),还需要将整个零件放置在专门的后固化装置(PCA,post curing apparatus)中进行紫外光照射,以使残留的液态树脂全部固化。这一过程并非必需,视树脂的性能及工艺而定。

层准备、层固化与层堆积是完成成型的关键。在确定了用振镜实现激光束扫描树脂液面完成层固化与堆积的方法之后,必须设计一套光路系统提供满足要求的光斑,而层准备的实现方法决定了其它的功能子系统,如托板升降系统、树脂系统、温度控制系统以及刮平系统。完成了系统主要功能实现方法的设计之后,还需要进行各种辅助功能的设计,如通风系统、操作面板的设计等。如图 2-2 所示为

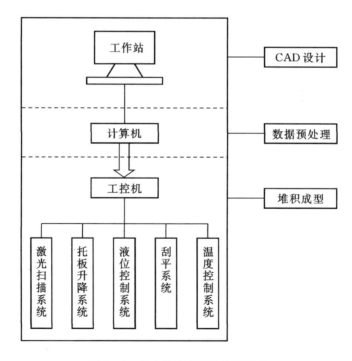

图 2-2　激光快速成型系统的组成

激光快速成型系统的各主要功能子系统的组成。

2.2　激光快速成型系统的硬件设计与制造

2.2.1　系统总体结构设计

快速成型设备虽然机械运动相对比较简单,但是却涉及机械运动设计、光学设计、液体循环以及恒温控制等多方面技术。整体结构及功能要求高度的集成化、自动化以及智能化,以期形成一个高柔性的独立制造岛;面向用户的易操作性及维护性;同时作为工业化的设备,要求在保证高质量、高可靠性、低成本的前提下,外形美观漂亮。

在系统的总体设计中,针对成型系统的组成特点,采用了模块化的设计方法。为便于优化各子系统的设计,将每一功能子系统设计为结构上相对独立的模块,对每一子系统分别制订了加工、装配工艺,精度和性能检测要求与方法。总体装配精度采用以调整法为主,因此,调整方法的确定及调整结构的设计是保证最终装配精度的关键。

快速成型系统的结构设计不同于一般的数控加工设备的设计,集成化的结构特点要求整体结构紧凑,而功能又要齐全。具体表现在:

(1)各部分功能相对比较独立,但安装又要求较高的位置精度,如振镜转轴线到液面的距离、托板升降系统运动的直线度与水平面的垂直度、刮平运动与水平面的平行度等。

(2)考虑减轻设备的重量,不宜采用铸造的机架,因此要特别考虑相互位置精度的保证。

(3)激光扫描系统的元件属精密器件。激光器尺寸较大,要求防尘、防震,并且各元件安装精度要求高,同时要考虑光路的调整、维护方便。

(4)液态的树脂要求保证在恒温状态成型,不能受到含紫外成分光源的照射,如太阳光、日光灯的灯光等,并且不能与普通钢、铸铁等材料直接接触,因为这些材料具有缓慢致凝作用。

(5)树脂是一种黏性液体,循环流量小且要求恒定,实验中发现采用常规的液压元器件常常失灵。

完成的激光快速成型系统总体结构具有如下特点：

（1）采用组合式焊接框架结构，重量轻、刚性好，各部分相互之间的精度依靠装配时的调整保证，各部分具有单独调整环节。机架由控制电器部分与成型室部分组成，两部分单独加工制造，可分开搬运，安装时集成到一起，但通过隔板相互隔离，避免相互影响。机架底部安装有脚轮和调整螺钉，搬运时可用脚轮推动或者吊运，定位后用螺钉调整固定。

（2）光学系统元件全部安装在一块基准板上，同一安装基准，容易保证光学元件之间的安装精度。整个扫描系统置于机架上方，相对独立，容易采取防尘防震措施，基准板具有水平调整功能，在满足有效光程的基础上，这种布置可减小光程，因此，光路调整及维护方便容易，并且结构紧凑。设备运输时可单独包装，安全方便。

（3）托板升降系统采用吊梁式结构，相对下托式结构，整机高度尺寸紧凑。托板升降系统运动的导轨作为整机调整的基准。托板通过巧妙的结构固定在托架上，既方便快速拆卸又能起到紧固的作用

（4）整机具有通风装置可散热并排出树脂异味。

（5）整机外罩采用挂板式结构，便于拆卸，维护方便，并且整体结构美观。

（6）与树脂直接接触的所有零件均采用不锈钢材料。

激光快速成型系统如图 2-3 所示，其中图 2-3(a)为系统结构示意图，图 2-3(b)为整机外形图。

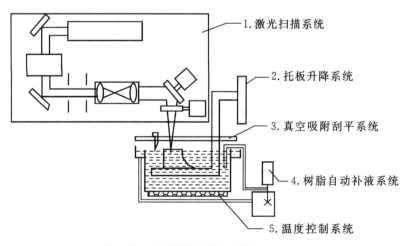

1. 激光扫描系统

2. 托板升降系统

3. 真空吸附刮平系统

4. 树脂自动补液系统

5. 温度控制系统

(a)激光快速成型系统结构示意图

(b)SPS 系列激光快速成型机外形照片

图 2-3 激光快速成型系统

2.2.2 激光扫描系统设计

激光扫描系统是成型设备中的关键子系统之一,光学系统要完成光束的动态聚焦、静态调整满足光斑质量要求,减小光路的衰减。其设计与制造的质量直接影响到激光扫描的精度以及光路调整维护的方便性。经验表明,如果光路系统设计的不合理,光路的调整是一件非常费时的工作。

激光器以及部分关键器件如振镜、反射镜以及动态聚焦镜性能需要很高的可靠性,该部分的设计主要是光程设计、元器件的选用以及辅助配件的设计。

1. 振镜距液面位置设计

扫描振镜的布置形式采取振镜后置扫描方式,即振镜置于动态聚焦镜后面的布置形式,如图 2-4 所示。

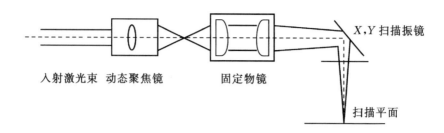

图 2-4　后置扫描方式及其光学杠杆原理

根据振镜的工作角度为≤±20°,实现扫描范围为±300 mm(即 600 mm 的最大扫描行程),所以振镜轴线距液面的垂直距离 H 应满足下式:

$$H \geqslant 300/\tan20° = 824 \text{ mm}$$

为了获得振镜较好的扫描线性,考虑设备的总高度尺寸,H 取满足上式的某一值,也就是振镜距液面的高度值。

2. 焦程设计

激光束出口直径 2 mm,而要求激光束的光斑直径为 0.1 mm 左右,系统采用后置扫描方式,所以必须利用光学杠杆原理放大焦程,其原理如图 2-4 所示。

在已知动态聚焦镜的焦距后,根据扫描范围确定动态聚焦镜相对振镜的安装位置。实际加工时,考虑到加工误差的累积,动态聚焦镜相对振镜的安装位置应具有可调整的功能,以改变光学杠杆的臂长,从而改变焦程的大小,以便根据扫描平面的位置来调整光斑的大小。

3. 光轴同心度的保证与调整

光轴的同心度是影响光斑质量以及扫描精度的主要因素,要求光束轴线通过动态聚焦镜照射在振镜的偏转轴线上。由于动态聚焦镜、振镜是两个单独的组件,都具有安装基面和定位销,因此设计时将两部分安装在同一光路板上,光路板上设计有统一的定位基准槽,以便调整两组件在光轴线方向的相对位置,从而可改变光学杠杆的臂长,获得满足要求的光程和光斑直径。

4. 扫描方式的设计

由于实体的扫描占用了大量的制作时间,所以尽可能缩短扫描时间是提高激光快速成型机效率的最直接方法。在光固化快速成型制作过程中,一般分为三个阶段进行:支撑阶段、填充阶段、轮廓阶段。在变光斑扫描工艺中,光斑的变化仅仅是在填充扫描阶段进行的,且在支撑和轮廓这两个阶段是不需要改变光斑尺寸的。首先当模型制作完成之后需要将支撑除去,只有支撑与实体的接触面越小越方便去除;其次,进行轮廓扫描是为了提高零件的制作精度,因此只有采用小光斑才能满足精度要求。而实体的成型主要在填充阶段完成,随着光斑尺寸的增大内部填充固化范围也增大,单位面积所需要的固化时间减少,因而节约制作时间,提高制作效率。

2.2.3　托板升降系统设计

托板升降系统的功用是支撑固化零件、带动已固化部分完成每一层厚的步进、快速升降,用以加热搅拌和零件成型后的快速提升。托板升降系统的运动是实现零件堆积的主要过程,因此必须保证其运动精度。步进的定位精度直接影响堆积的每一层厚度,不仅影响 Z 向的尺寸精度,更严重的是影响相邻层之间的粘结性能。

采用步进电机驱动,精密滚珠丝杠传动及精密导轨导向,驱动电机采用混合式步进电机,具有体积小、力矩大、低频特性好、运行噪音小以及失电自锁等优点,配合细分驱动电路,与滚珠丝杠直接连接实现高分辨率的驱动,省去了中间齿轮传动,既减小了结构尺寸,又减小了传动误差。

除此之外,以下几个问题也必须注意。

(1)支撑已固化零件的托板由于总是浸在树脂中,经常作下降、提升运动,为了减少工作状态时对液面的搅动,并且便于成型后的零件从托板上取下,需加工成筛网状,网孔大小及孔距设计要合理,即能使零件的基础与其能牢固粘结。因为实验中发现由于收缩应力作用出现使零件基础与托板脱离的现象,网孔的设计是为了使托板升降运动时,最小限度地阻碍液体流动,托板本身要达到一定的平面度要求,且具有一定的强度和刚性。

(2)托板应能水平调整,并能方便地拆下,主要在使用一段时间后,需要拆下清理筛孔。

2.2.4　刮平系统设计

刮平系统主要完成对树脂液面的刮平作用,由于树脂的黏性及已固化树脂表面张力的作用,如果完全依赖于树脂的自然流动达到液面的平整,需要较长的时间,特别是已固化层面积较大时,借助刮板沿液面的刮平运动,辅助液面尽快流平,可提高涂层效率。另外,树脂是液态的就必须要考虑气泡的问题,所以在刮平系统中需要增加除气泡的功能。

刮板的形状、材料以及距液面的高度对刮削后液面的状态影响很大,所以是设计时重点解决的问题。

刮板利用不锈钢制作,距液面高度可微量调节,内部为空腔结构,可以形成负压消除气泡。刮板距液面的高度及刮削运动与水平面的平行度是刮平系统设计与加工时需要保证的关键项目。

2.2.5　树脂加热系统

由于光敏树脂在特定的温度下其固化性能最稳定,而且保持一定的温度还可以保持恒定的黏度和体积,所以为了维持液面位置的稳定,改善树脂的流动性,树脂需要维持在恒温状态下固化。

1. 加热元件的设计选用

树脂在不锈钢制成的工作槽内,如果需要加热,可以在槽体外部安装加热板和保温层。这样的安装比较简单操作也方便。同时采用多块小功率加热板沿液槽周围布置,一方面避免局部过热,另一方面提高加热效率,加之利用托板的升降运动进行搅拌,以使树脂槽内温度均衡,避免靠近加热元件的局部产生过热。

2. 恒温控制

综合考虑各种因素,树脂的成型温度设定在 30 ± 0.5 ℃。由于整个树脂槽的热惯性大,点位控制已不能满足要求,所以选用数字 PID 控制器,同时树脂槽外侧加有保温层。PID 控制器输出调宽脉冲信号,通过固态继电器控制加热元件的通断,温度传感器采用金属铂电阻 P100,置于液面下 20 mm 处。恒温控制系统通过反复调节 PID 的参数,进入稳态后,温度控制范围达到 ±0.3 ℃,完全能满足设定温度的要求。

2.2.6　液位自动调整设计

在整个制作过程中,为了保证扫描振镜到树脂液面距离的固定,必须能够提供自动的补偿系统来保证激光这一固定值。我们称之为液位自动调整系统,此系统在制作过程中对当前液面高度进行实时检测,检测精度达到 0.02 mm,当超过预先设定的高度值时控制程序会自动进行补偿。

在设备使用过程中,每次将做完的模型取出成形室后,工作槽内的树脂都会减少。当树脂减少到一定量之后液位系统就无法实现自动调整,这时系统会自动提示用户添加树脂。用户可以通过控制程序里的添加树脂模块添加树脂。

2.2.7　系统的总装与调试

在完成了各子系统的优化设计、加工、装配后,进行精度及性能测试,都达到要求后,进行最后的总装与调试,其主要内容及步骤概述如下。

(1)托板升降系统的安装、整机调整、运动精度检验。

(2)光路系统的安装与粗调,包括光路基准板的安装与水平调整、光轴同心度的粗略调整。

（3）树脂槽的安装,树脂循环系统、温控系统的安装与参数设定。

（4）光路系统的细调,焦点平面位置的测定,激光扫描系统的标定。

（5）刮平系统的安装与调整。

（6）试制作,光斑调整与测定。

（7）其它零部件装配。

2.3   快速成型系统的软件组成

快速成型系统的软件可分为两大功能模块,数据准备模块和成型过程控制模块。数据准备模块完成从 CAD 模型的 STL 文件到成型过程数控指令的生成,如图 2-5 所示为该功能模块的流程。成型过程控制模块完成成型机所有运动的集成控制、加工参数的设定、加工状况的检测与监测（树脂温度、激光功率、液面位置）以及各部分的安全互锁等功能。

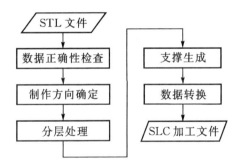

图 2-5   成型数据准备流程

系统的两大模块既可以分机运行,又可以全部安装在成型机系统的工控机上,但采用分机运行,其好处是既可以并行操作又可以提高处理的速度。

2.4   快速成型机立体光固化感光树脂体系

目前用于立体光固化的树脂有自由基型光固化树脂,阳离子型光固化树脂以及混杂型光固化树脂。

1. 常见立体光固化感光树脂材料

自由基型光固化树脂的优点是固化速度快、黏度低、成本低,基本能满足快速成型要求,其化学原理是通过加成反应将双键转化为共价单键。常用自由基型预聚体性能比较如表2-1所示。

表2-1 常用自由基型预聚体性能比较

预聚体种类	固化速度	硬度	抗张强度	柔性	耐化学性	黄变性
环氧丙烯酸酯	高	高	高	不好	极好	中
聚氨酯丙烯酸酯	可调	可调	可调	好	好	可调
聚醚丙烯酸酯	可调	低	低	好	不好	一般
聚酯丙烯酸酯	可调	中	中	可调	好	差
丙烯酸树脂	慢	低	低	好	好	极好
不饱和聚酯	慢	高	高	不好	不好	不好

环氧树脂具有固化速度快、黏度低、硬度高等优点,因此被广泛地用来作为立体光固化树脂的感光树脂,但其最大的缺点是固化后收缩很大。

阳离子型光固化树脂属于第二代树脂,它具有体积收缩小、黏度低、附着力强等优点,特别适合用于需要高精度的激光快速成型技术,但它的缺点是固化速度慢,容易受碱和湿气的影响,且价格高。目前常用的两类阳离子齐聚物是环氧化合物和乙烯基醚。环氧类化合物的固化机理是在阳离子光引发剂存在下发生开环聚合反应,一方面环氧单体间的距离由固化前的范德华作用距离变为固化后的共价键之间的距离,这一过程造成体积收缩;而另一方面环氧单体聚合时单体上的环打开形成的结构单元尺寸大于单体分子,两者总的结果是使环氧化合物固化前后体积收缩减小,因此,成型样品翘曲性小,力学性能优异。对乙烯基醚类树脂而言,由于其固化速度比较慢,应用不如环氧类广泛。

鉴于自由基型和阳离子型树脂各自的优缺点,将两者结合即自由基-阳离子混杂光固化树脂体系得到了广泛的研究和认可。自由基-阳离子混杂光固化体系包括两大类,一类是有不饱和丙烯酸酯与环氧化合物组成的混杂体系,另一类是由不饱和丙烯酸酯与乙烯基醚类化合物组成的混杂体系。它充分发挥了自由基和阳离子光固化各自的特点,以达到光引发、体积变化互补、性能优化等协同提高的效应。

2. 光固化感光树脂性能要求

(1)黏度低。激光固化快速成型中,黏度较大会造成流平时间延长以及刮平不好,从而降低零件的制作精度。另外激光固化快速成型所成型的零件中的台阶效应与层厚有很大的关系,成型层愈厚,台阶效应愈明显。而当树脂的黏度降低时层厚变薄,台阶效应也越小。因此低黏度感光树脂也是研究发展的一个方向。

（2）高的湿态强度。经激光扫描固化后的固化树脂在制作过程中必须具有足够的力学强度以支撑其湿态原型,它包括衡量抗变形能力的弹性模量以及拉伸强度和抗挠曲强度。没有足够的湿态强度,在制作中将会由于树脂的收缩力和重力作用发生错位或变形,并且刮板在刮平时也容易造成脱层。

（3）低的吸湿性。感光树脂是在使用过程中一次性大量加入到工作槽中,随着使用中的消耗,给工作槽中不断补充新的感光树脂,而树脂基本上都和外界的空气接触,如果树脂的吸湿性高,成型的零件力学性能会降低,影响使用性能。

（4）稳定性好。感光树脂长期放入树脂槽中,如在长时间灯光或者自然光照射下树脂发生缓慢聚合反应,就会导致黏度上升,影响零件的制作,甚至影响零件的性能。

3. 成型工艺

在光固化成型过程中零件的变形会影响形状精度及尺寸精度,而造成变形的主要原因是由于树脂的收缩在层层堆积时所产生的层间粘结应力和未固化的残留液态树脂在后固化过程中的收缩。由于树脂在聚合反应时的收缩是不可避免的,因此在成型过程中提出并发展了通过对扫描方式的改变来改善层和层之间的粘结,将线粘结变为点粘结,降低层间的粘结应力和未固化的残留液体树脂量,最终提高了零件的精度。

立体光固化感光树脂性能(以典型的树脂为例)如表 2 - 2 所示。

表 2 - 2　树脂性能

机械性能	
ASTM 方法	性能
D638M	抗拉强度
D638M	断裂伸长率
D638M	屈服伸长率
D638M	弹性模量
D790M	弯曲强度
D790M	弯曲模量
D256A	缺口冲击量
D570 - 98	吸水率
E1545 - 00	玻璃化温度
D648 - 98C	热变形温度

续表

光学性能	
Ec 临界曝光量	利用激光快速成型机根据光固化方程绘制曲线测出
Dp 固化深度	
E10 曝光量	
物理性能	
外观	一般为无色透明液体
黏度	旋转式黏度计
密度	比重瓶法

4. 立体光固化树脂发展方向

随着立体光固化快速成型的快速发展,目前对光固化树脂体系也提出了更高的要求,新的树脂体系也将不断推出,有制作高强度、耐高温、防水等功能零件的树脂;响应熔模铸造而研制的残碳量很低,容易烧蚀的树脂;有耐高温、精度高,能在表面镀金属,可以用于珠宝行业的树脂。而立体光固化感光树脂进一步发展趋势可以总结为:树脂应具有更低的黏度,更高的固化速度和低的体积收缩性,并能保证零件的成型精度;树脂成型后具有更好的力学性能,特别是柔韧性和冲击性;树脂零件具有高强度、高硬度,可以广泛地用于各个领域;树脂更为绿色和环保,无毒害;开发出具有生物相容性的树脂,可以用来做生物活性材料。

2.5 快速成型机的主要技术指标

表 2-3 快速成型机的主要技术指标

项目		SLA 光固化成形工艺
激光器	类型	固体激光器
	波长	355 nm
光路系统	类型	高速精密扫描系统(德国):动态聚焦扫描系统
	最大扫描速度	8000 mm/s
	焦平面光斑尺寸	≤0.15 mm
Z 向升降系统	类型	精密丝杠伺服电机驱动
	重复定位精度	0.005 mm
涂铺系统	类型	双边驱动真空吸附式涂铺系统
功率检测	类型	在线

续表 2 - 3

项目		SLA 光固化成形工艺
成型室	成型尺寸	600 mm×600 mm×400 mm
	成型层厚	0.05—0.2 mm 任意设定
	成型精度	±0.1 mm 或 0.1%
专用软件	数据处理软件	RpData 10.5 数据处理软件
	工艺控制软件	RpBuild 8.1 工艺控制软件
	操作系统	Windows 98/2000/XP
	数据格式	STL 格式（适用于 Pro/E、UG、I-deasSolidwork、Delcam、AutoCAD、CAXA 等商用三维 CAD 软件）
电源		220 V AC±5%、50 Hz、单相、3 kW
系统硬件		工业控制计算机（P4 2.8GHz/512MB/80GB/B2USB）
设备外形尺寸		1865 mm(L)×1245 mm(W)×1930 mm(H)
设备重量		约 650 kg(不含树脂)

练习题

1. 激光固化快速成型的基本过程有哪些？具体如何实现？
2. 激光快速成型系统的组成都有哪些？
3. 简述液位自动调整系统的作用。
4. 为什么要选用变光斑扫描工艺？它主要在哪个阶段实现？
5. 快速成型系统的软件主要包含哪些模块？具体功能是什么？

第3章 激光快速成型机软件的操作

3.1 概述

快速成型制作流程如图 3-1 所示,在利用快速成型机制做原型以前,必须先将用户所需的零件设计出 CAD 模型,再将 CAD 模型转换成快速成型机能够使用的数据格式,最终通过控制软件控制设备的加工运行。设计可以利用现在广泛应用在设计领域的三维 CAD 设计软件,如 Pro/E、UG、CATIA、SolidWorks、Solid-

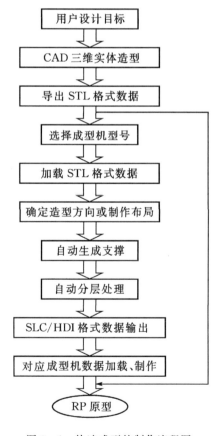

图 3-1 快速成型的制作流程图

Edge、Inventor、CAXA、AutoCAD 等生成,在此不再赘述。如果已有设计好的油泥模型或有零件需要仿制,可以通过反求工程扫描完成 CAD 模型。

　　快速成型机可直接根据用户提供的 STL 文件进行制造。用户可使用能输出 STL 文件的 CAD 设计系统(如 Pro/E、UG、CATIA、SolidWorks、Ideas 等)进行 CAD 三维实体造型,其输出的 STL 面片文件可作为快速成型机软件的输入文件。从这一流程图可见,数据处理软件接收 STL 文件后,进行零件制作大小、方向的确定,对 STL 文件分层、支撑设计、生成 SPS 系列激光快速成型机的加工数据文件,激光快速成型机控制软件根据此文件进行加工制作。本章主要从已有三维 CAD 开始介绍如何将其转换为快速成型机能够使用的数据格式并详细地说明激光快速成型机的控制软件的操作。介绍 RpData10.5 数据处理软件、RpBuild 控制软件,前者主要是提供数据的分层、支撑的设计,后者主要是控制激光成型机的制作工艺。

3.2　RPData10.5 软件的介绍

3.2.1　版本及运行环境

　　RPData 10.5 数据处理软件,是在基于 Windows 环境的 RPData 5.0 版本的基础上,切实考虑快速成型技术的实际需要,经过大量的程序改进、优化制作的 32 位 Windows 软件,并且增加了多模型制作模块。采用了面向对象的程序设计方法及基于 OpenGL 的图形处理功能,功能强大、界面友好。

　　数据处理软件的运行环境要求:

　　(1)推荐配制:2.2 GHz 以上处理器、2 GB 以上内存、250 GB 以上硬盘空间、1024×768 px 以上分辨率显示器、Geforce 8600 GT 以上显卡。

　　(2)操作系统:Microsoft Windows XP Professional 或以上。

3.2.2　软件安装

1. 加密狗的安装

　　(1)RPData10.5 软件运行需要加密狗的认证,所以必须在电脑上先安装加密狗文件。打开安装包双击运行 LicHost. exe 文件,如果是 Windows 7 以上系统必须使用管理员身份运行文件,图 3 - 2 给出了具体操作方法。

　　(2)运行加密狗安装文件后会弹出如图 3 - 3 所示的对话框。此时将 HASP (加密狗)插入电脑 USB 接口,鼠标单击"安装驱动"按钮,驱动开始安装。

图 3-2　加密狗安装文件

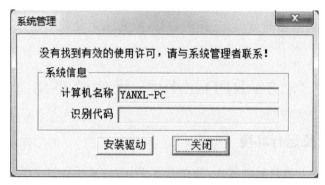

图 3-3　加密狗安装

（3）安装完成之后系统会提示如图 3-4 所示的对话框。在对话框内可以看到在识别代码那一栏内有一串数字，这些数字就是加密狗的识别代码。将识别代码通知软件管理员后，管理员会根据代码发放相应的许可文件。

图 3-4　加密狗识别代码

2. RPData 的安装

(1)选择 setup. exe 程序，双击运行。如果是 Windows 7 系统，点击鼠标右键选择以管理员身份运行，如图 3-5 所示。

图 3-5　选择安装文件

(2)运行安装文件后弹出如图 3-6 所示的"安装向导"对话框。单击"下一步"按钮。在安装时最好将杀毒软件暂时关闭，因为杀毒软件可能会在后台终止某些命令。

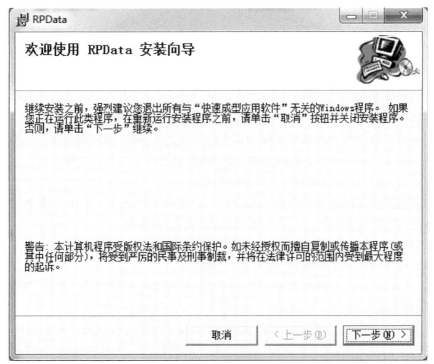

图 3-6　安装向导

(3)出现如图 3-7 所示的"客户信息"对话框,可以根据客户的需要输入姓名和单位,方便管理软件,也可不做任何处理,单击"下一步"按钮。

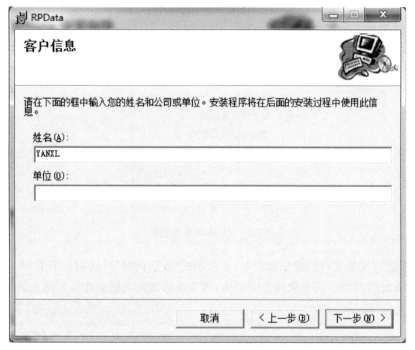

图 3-7　客户信息

(4)接着会弹出"使用许可文件"对话框,如图 3-8 所示,文件路径是指管理员发放的许可文件(名为 license 的文件)的位置,这个文件客户可以放在任一盘符下,但是对话框中的文件路径必须和该文件所在位置一致,否则无法正常安装。另外,许可证文件包含客户的授权信息,客户最好将其保留备份。文件路径输入后单击"下一步"按钮,弹出如图 3-9 所示的菜单。

(5)这里主要是选择程序安装位置,可由客户自行定义。输入完成之后单击"下一步"按钮,出现如图 3-10 所示的"确认安装"对话框。

(6)在图 3-10 中单击"下一步"按钮,程序开始安装。进度条显示程序安装过程,直到程序安装完成后弹出"安装完成"对话框。

(7)"安装完成"对话框如图 3-11 所示。单击菜单中的"关闭"按钮,到这里程序就全部安装完成。

(8)安装完成之后可以在桌面找到 RPData 快捷方式,双击运行后弹出如图 3-12所示的对话框,这个对话框主要是用于配置程序。在图中选择"不关闭应用程序(可能需要重新引导)"选项,并单击"确定"按钮。

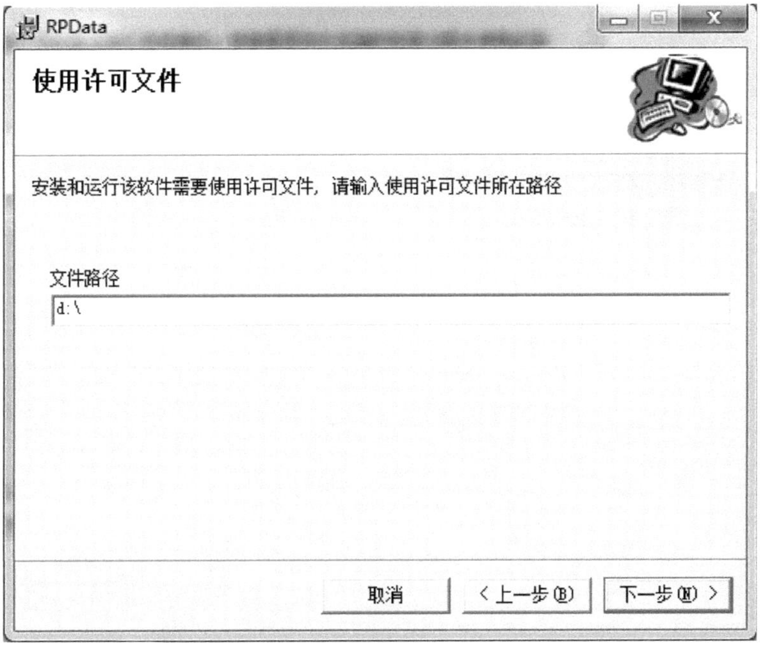

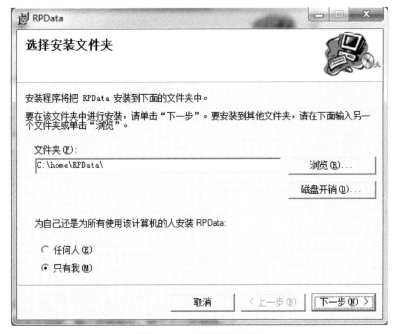

图 3 - 8　使用许可文件

图 3 - 9　安装位置选择

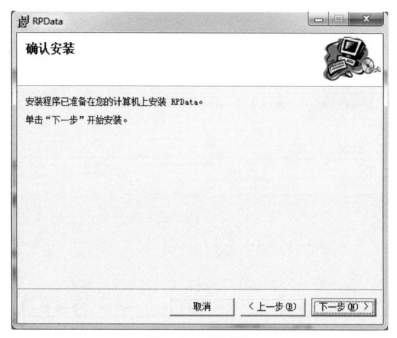

图 3 - 10 确认安装

图 3 - 11 安装完成

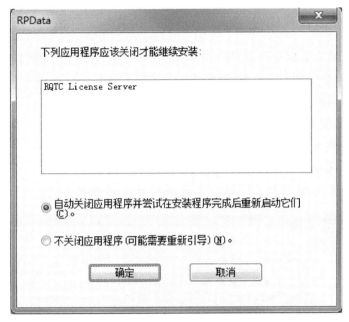

图 3 - 12 配置程序

(9)图 3 - 13 显示的是配置完成视图,选择重新启动电脑。

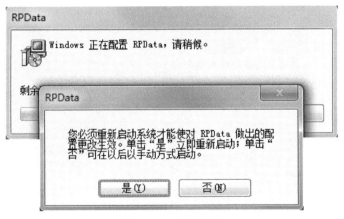

图 3 - 13 配置完成

注意:license 文件有一定的使用时间限制,当时间快到时,提前联系程序管理员进行延期,以免耽误使用。

3.2.3　软件概貌及构成

RPData10.5数据处理软件界面如图3-14所示。界面主要包括：文件工具栏、视图操作/显示选项工具栏、数据处理及参数设定栏、模型支撑分层列表窗口、状态栏、图形编辑工具栏、图形显示操作工具栏。

从程序的使用功能上主要分为以下三个模块：

(1)模型模块：主要包括模型的修复、排版、定向、旋转、复制等。

(2)支撑模块：主要包括添加支撑、修改支撑、布尔运算等。

(3)分层模块：主要包括模型切层、轮廓修复、制作预览等。

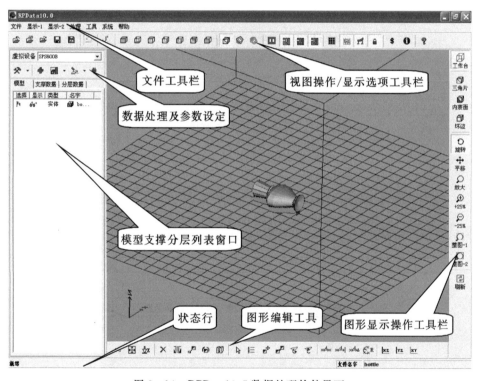

图3-14　RPData10.5数据处理软件界面

软件操作流程如图3-15所示。

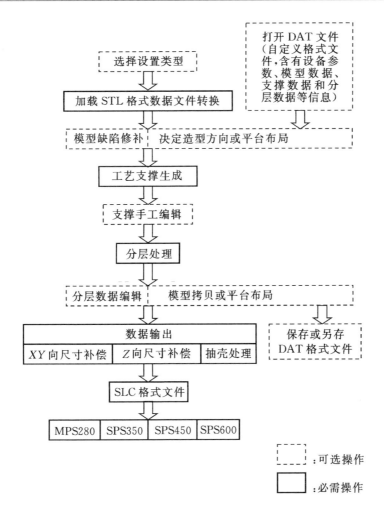

图 3-15　软件操作流程图

3.3　数据处理

3.3.1　成型设备选择及模型加载

在成型设备上进行模型制作之前,根据快速成型工艺要求,需要对 STL 格式的数据文件进行模型布局、支撑生成和模型分层等处理,处理前需要进行不同的参数条件设定。RPData10.5 软件系统为便于用户进行条件设定和管理,进行了有效的封装。在数据处理前,只需选择相应的设备类型即可,操作简单、直观。具体操作如下。

(1)单击虚拟设备组合框旁的下拉菜单,出现当前系统中的设备列表,如图3-16所示,选择相应设备即可。

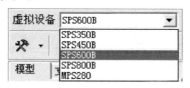

图 3-16　虚拟设备选择

(2)单击打开 STL"文件"按钮📂或点击"文件"菜单下的"打开…"选项,出现如图 3-17 所示的"加载模型"对话框。

图 3-17　加载模型

(3)选择要进行处理的 STL 格式的数据文件,单击"加载"按钮或者直接双击需要加载的文件,STL 数据开始进行转换,转换结束后"加载模型"对话框自动关闭。按照上述步骤可继续加载其它的 STL 数据,也可在加载模型对话框中选择 STL 文件时按下键盘 Ctrl 键选择多个文件一次加入。加载时可以勾选预览,方便浏览 STL 文件。

3.3.2　模型缺陷修补

因为 CAD 设计人员的操作不当和数据转换为 STL 格式过程中的数据丢失等原因,导致三角面片数据有可能存在各种缺陷。这时可以采用三维模型修补工具对其进行修复,也可以根据情况,先进行分层处理,然后对二维分层数据进行编辑、修改。

STL 文件错误主要包括表面法向矢量朝向不一致、表面面片不连续和表面空洞(三角片缺损)等缺陷。可首先在主窗口中按下"显示坏边"按钮和"显示内表面"按钮来检查数据是否存在缺陷。若存在缺陷,可在数据处理及参数设定栏中点击"模型修补"按钮➕,在弹出的提示对话框中点击"是"即可启动修复工具进行操作。常见缺陷及处理方法如下。

1. 表面法向朝向不一致的修复

如图 3-18(a)所示,存在表面法向不一致,可以点击"自动反转面片处理"按钮█进行自动修复。也可以应用三角面片选择工具█选择法向错误的表面,单击鼠标右键,在弹出的快捷菜单中选择"反转"选项,即可手工倒转法向矢量,如图3-19 所示。修正后的结果如图 3-18(c)图所示。

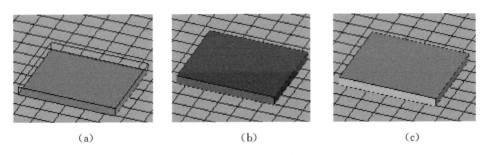

(a)　　　　　　　　　　(b)　　　　　　　　　　(c)

图 3-18　表面法向不一致修复过程

取消(C)

删除(DELETE OR D)

反转(I)

退出(X)

图 3-19　右键快捷菜单

2. 表面面片不连续的修复

如图 3-20(a)所示加载 STL 文件后,点击"显示坏边"按钮█,可能会出现图3-20(b)所示的红色线条,这就表示相邻三角片之间存在缝隙或不连续,由此可导致自动支撑生成时支撑区域过多或者分层数据错误。这时按下"自动缝补处理"按钮█,出现如图 3-21 所示的"缝补"对话框。输入误差和次数,单击"缝补"按钮进行修复。修复后的状态如图 3-22 所示。

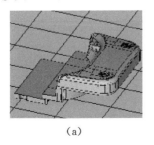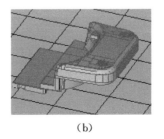

(a)　　　　　　　　　　(b)

图 3-20　表面面片不连续修复过程

图 3-21　缝补参数设置

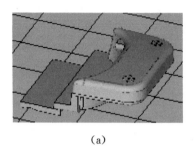

（a）

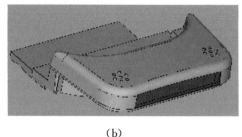

（b）

图 3-22　缝补好的模型

注意：可以输入较大的误差值继续进行修复，直至没有坏边为止。但是，这样会导致数据变形。分层处理能够对微小三角片错误自动处理，若仍存在错误，可以对二维分层数据进行编辑。

3. 表面空洞（三角片缺损）

加载 STL 模型后，按下"显示内表面数据"按钮，可以显示模型内表面（外表面显示黄色，内表面显示红色），有可能发现如图 3-23 所示的表面缺失情况。出现这种情况，可以单击"边界孔"按钮，在缺损面外边缘单击左键，缺损部分会被选中，如图 3-23 所示。单击鼠标右键出现如图 3-24 所示的快捷菜单，选择"填充"选项，被选中的缺损孔会填充起来。也可在"工具"菜单中选择"自动填充孔"选项来自动填充较小的孔。

图 3-23　缺损部分被选中

图 3-24　填充快捷菜单

如果出现了非边界孔或者缺失部分有曲率变化,可按以下步骤进行填充操作。

(1)按下"选择边界孔"按钮 ▥,在视图窗口中选择缺损面边界,如图 3 - 25 所示。如果出现图中所示存在非边界孔形状,按下鼠标右键,在弹出的如图 3 - 26 所示快捷菜单中选择"缝补"→"0.1 mm"命令,进行缝补即可将非边界孔缝补好。

(2)重新选择边界孔,如图 3 - 23 所示。按下鼠标右键,弹出菜单,选择填充命令,添加缺损三角片,处理好后结果如图 3 - 27 所示。

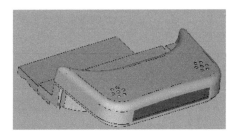

图 3 - 25　出现非边界孔

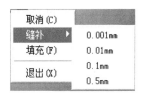

图 3 - 26　缝补快捷菜单

(3)如果缺损部分出现在表面曲率变化较大的地方,可点击"生成三角面"按钮 ◁ 在曲率变化的地方人为生成一些三角面,如图 3 - 28 所示,以减少直接修补带来的较大失真。然后再按照上面的步骤逐个修补。

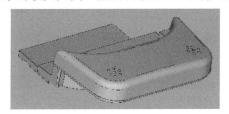

图 3 - 27　修补好的模型

图 3 - 28　人工增加过渡三角片

3.3.3　造型方向或平台布局的确定方法

1. 造型方向的确定

在进行快速成型时,我们总是希望模型较大的平面作为底面来逐层累加,或者是为了得到更好的曲面制作效果,需要改变模型的默认方位。这时需要按下按钮 ✐ 选择三角面片使其法向垂直向下,在视图窗口中模型的较大平面上单击鼠标左键,选择三角片,如图 3 - 29 所示。然后单击鼠标右键,在弹出的快捷菜单中选择应用命令,执行定位操作,使选择三角片的法矢指向 Z 轴负向,结果如图3 - 30所示。完成后单击右键选择退出即可。

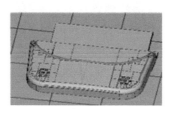
图 3 - 29　选择三角片以改变模型方向

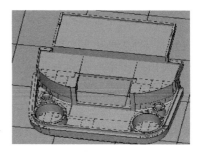
图 3 - 30　已经改变的模型方向

2. 平台布局

在快速成型时,往往会一次加载多个模型同时制作,这时就需要根据成型机的成型尺寸选择对应的虚拟设备进行布局、安排,避免多个模型叠加在一起。按下视图栏中的"顶视图"按钮▣,再按"整图"按钮⬡使视图显示全局平面。然后点击"平移"按钮◨,在视图窗口中,单击鼠标左键,选择模型数据,如图 3 - 31 所示。移动鼠标将模型放到合适的位置后,按下鼠标左键,执行移动操作,如图 3 - 32 所示。

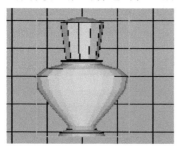
图 3 - 31　选择需要移动的模型

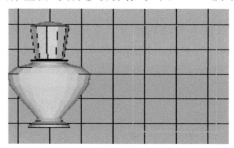
图 3 - 32　移动到合适的位置

3.3.4　工艺支撑自动生成的方法

模型的造型方向和平台布局做好后,即可进行为模型添加支撑的操作。

在数据处理及参数设定栏中,点击"自动支撑处理"按钮▦,出现如图 3 - 33 所示的提示对话框,按"是"按钮开始处理,按"否"按钮则取消操作。

如按下"自动支撑处理"按钮▦旁边的扩展箭头,弹出如图 3 - 34 菜单,可以选择一次处理全部模型,并且自动完成工艺支撑的添加。

工艺支撑生成结束后,按下模型支撑分层列表窗口中的"支撑数据"标签▦,使列表窗口切换到支撑数据栏,如图 3 - 35 所示。

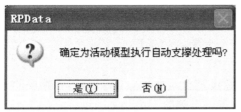

图 3 - 33　自动支撑提示对话框

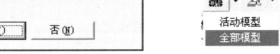

图 3 - 34　选择全部模型

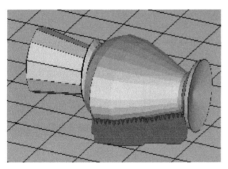

图 3 - 35　支撑数据列表窗口

视图窗口显示当前模型所选择的支撑，如图 3 - 36(a)所示。按下"切换模型显示"按钮⬚隐藏模型，如图 3 - 36(b)所示。

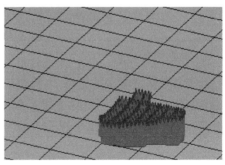

（a）模型支撑同时显示　　　　　　　　（b）隐藏模型显示

图 3 - 36　工艺支撑

按下键盘上的向下键↓或者向上键↑即可以浏览其它区域的支撑数据。

提示:浏览支撑时,可以按下 F 键或鼠标中键或 END 键,设置当前支撑为主要显示目标,便于查看支撑结构和形状。

3.3.5　手工编辑支撑的工艺方法

支撑编辑主要分为删除支撑、删除支撑截面、裁剪支撑形状、添加支撑形状以及编辑支撑外轮廓等功能,下面分别予以介绍。支撑编辑工具栏如图 3 - 37 所示。

图 3-37　支撑编辑工具栏

1. 删除支撑

工艺支撑自动生成功能根据参数设定自动判断待支撑区域,根据经验,对不需要的支撑形状,单击"删除支撑"按钮 ✖ 予以删除。

2. 删除支撑截面

按下"选择支撑截面"按钮 ⚡ 或选择"支撑连续截面"按钮 ⚡,在视图窗口中选择支撑截面,被选择部分高亮显示,如图 3-38 所示。在视图中,单击鼠标右键弹出菜单,选择"删除"命令或者按下 Delete 键或 D 键进行删除。

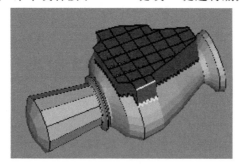

图 3-38　删除支撑截面

3. 裁剪支撑形状

对于某个区域多余的支撑,可以按下裁剪支撑的按钮 ✂,将视图切换到底面视图 ⬚,在视图窗口中按下鼠标左键后松开,拖动鼠标,选择需要裁剪的支撑区域,如图 3-39(a)图所示。按下鼠标左键后松开,落在区域内的支撑形状就会被删

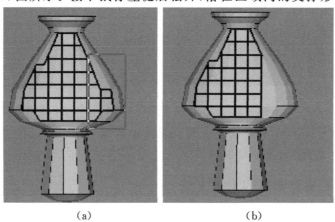

(a)　　　　　　　　　　　(b)

图 3-39　裁剪支撑

除,如图 3 - 39(b)所示。

4. 添加支撑形状(以添加单一截面为例)

在需要额外加强的区域,可以按下"直线支撑"按钮 ✎,在视图窗口中,按下鼠标左键选择起点后松开,拖动鼠标,再按鼠标左键选择终点来添加支撑截面,如图 3 - 40(a)所示;当"支撑加固"按钮 ✖ 为弹起状态时,添加的形状为线支撑,如图 3 - 40(b)所示;当加固"支撑"按钮 ✖ 为按下状态时,添加形状为加强的截面,如图 3 - 40(c)所示。同样,"折线"按钮 ⌒ 和"圆弧"按钮 ✐ 则可以添加对应的支撑。

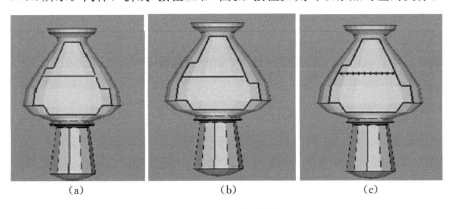

(a)　　　　　　　　　　　(b)　　　　　　　　　　　(c)

图 3 - 40　添加支撑

5. 支撑外轮廓编辑的方法

在显示选项工具栏中按下"切换显示支撑外轮廓"按钮 ⊞,即可显示支撑区域的外轮廓,还可以对外轮廓进行编辑,从而改变支撑结构形状。例如需要将支撑外轮廓缩进时,可进行如下操作。

单击选择"轮廓线"按钮 ▇,在视图窗口中用鼠标左键选择支撑区域,状态如图 3 - 41(a)所示。按下鼠标右键,在弹出的快捷菜单中选择"缩进"→"0.5 mm",如图 3 - 41(b)所示,支撑区域即可缩回 0.5 mm,如图 3 - 41(c)图所示。

提示:有时因为 STL 数据缺陷,生成的支撑边界与模型形状间的间隙过小,从而导致模型制作缺陷。遇到这种情况可以采取上述方法进行手工编辑。

6. 支撑尺寸测量

测量点到点的距离单击按钮 ⤢,用鼠标左键分别指定测量起点和终点,即可显示所选两点之间的尺寸。

提示 1:清除尺寸信息,按"刷新"按钮 ⟳ 。

提示 2:可以利用尺寸信息,评价支撑结构和形状,改变支撑结构,添加或删除支撑形状数据。

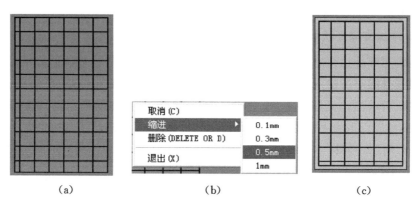

（a）　　　　　　　　　　（b）　　　　　　　　　　（c）

图 3 - 41　支撑外轮廓缩进

3.3.6　分层处理

　　支撑处理完成后，即可对数据进行分层处理。在数据处理及参数设定栏中点击"分层处理"按钮 ，在弹出的"分层处理"对话框中，可以选择当前模型或者"全部模型"，然后输入分层间隔（厚度），点击"确定"按钮开始分层处理，点击"取消"按钮则取消操作。"分层处理"对话框如图 3 - 42 所示。

　　按下分层处理图标旁边的扩展箭头，在弹出的菜单中可以选择处理全部模型。如图 3 - 43 所示。

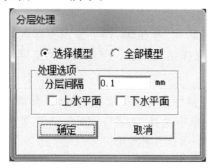

图 3 - 42　"分层处理"对话框

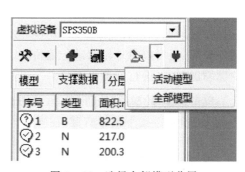

图 3 - 43　选择全部模型分层

　　分层处理完成后，按下模型支撑分层列表窗口中的"分层数据"标签 分层数据 将列表窗口切换到分层数据。弹起"切换模型显示"按钮 ，画面将显示当前层的形状，如图 3 - 44 所示。在查看分层数据时，也可按下或"弹起切换显示模型"按钮 、"隐藏上半部"按钮 、"隐藏下半部"按钮 、"切换显示分层区域"按钮 以及"旋转" 、"平移" 等按钮组合使用，来检查支撑是否正确等，如图 3 - 45 所示的效果。同样，可以按下键盘上的向下键↓或者向上键↑遍历分层数据列表。

图 3-44　当前分层数据

图 3-45　分层数据查看

3.3.7　分层数据编辑

分层数据编辑存在三种情况:非封闭轮廓接续、清除病态轮廓以及轮廓合并,下面分别进行说明。分层数据编辑工具栏如图 3-46 所示。

图 3-46　分层数据编辑工具栏

1.　非封闭轮廓的修补方法

在如图 3-46 所示的菜单中,按下"选择轮廓起点"按钮，在视图窗口中,单击鼠标左键,选择非封闭轮廓,搜索显示轮廓不封闭部分,如图 3-47 所示。有时不封闭部分很小,如图 3-48 所示的状态,只显示起始点。在视图窗口中,单击鼠标右键,弹出快捷菜单,选择删除部分线段更容易找到补线的起始点。然后按下"直线"按钮，选择直线命令,将开口的轮廓进行连接,如图 3-49 所示。

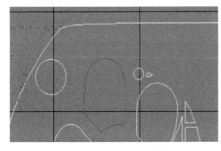

图 3-47　非封闭轮廓

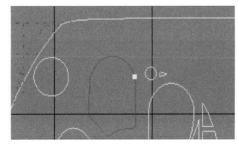

图 3-48　轮廓线段到出现缺口

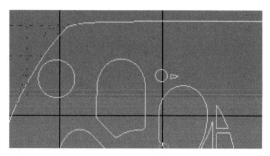

图 3-49　用直线封闭后的轮廓

2. 清除病态轮廓(垃圾形状)

针对 STL 数据文件存在重复三角片的情况,如果分层处理能够形成封闭轮廓,分层算法会自动清除重复形状,否则需要手工编辑,手工清除垃圾形状。

分层数据中出现如图 3-50 所示的深色线条,为多余重复线条,按下"选择非封闭轮廓线"按钮，在视图窗口的任意位置,单击鼠标左键,会自动搜索选择非封闭轮廓。画面状态如图 3-51 所示。

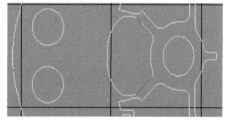

图 3-50　出现病态轮廓

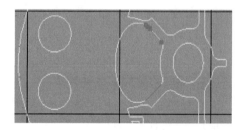

图 3-51　选中病态轮廓

在视图窗口中,单击鼠标右键,在弹出的快捷菜单中选择删除命令或者按下 Delete 键或 D 键进行手动删除多余重复线,如图 3-52 所示。重复上述的操作,直至画面状态如图 3-53 所示消除病态轮廓为止。

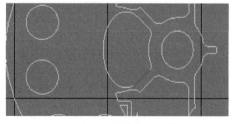

图 3-52　逐个删除病态轮廓

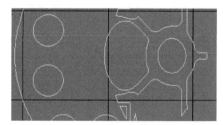

图 3-53　修复好的轮廓

3. 轮廓合并

针对 STL 数据文件中存在多个三维形状且互相干涉的情况,如果分层数据没有非封闭轮廓,分层算法自动进行合并。否则,如果分层数据存在非封闭轮廓,则需要手工进行合并。如图 3 - 54 (a)所示,存在好几处轮廓线相互干涉的情况,这时需要点击支撑编辑工具栏中的"布尔运算→"和按钮 ⬤,选择干涉轮廓,如图 3 - 54 (b)所示,选好后按快捷键 A 或者单击右键选择应用选项即可将多个封闭的干涉轮廓合并为一个,如图 3 - 54 (c)所示。

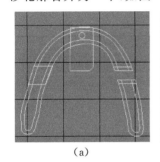 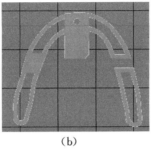 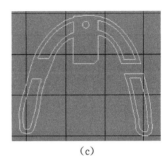

(a)　　　　　　　　　(b)　　　　　　　　　(c)

图 3 - 54　修复好的轮廓

4. 抽壳处理

对于构造比较简单,壁厚较厚的模型为了节约成本而又不影响模型外观,这时可以对模型进行抽壳处理。经抽壳处理后保留了模型的外形,而壁厚可以是 1 mm 左右,空腔内部加上特殊支撑以保证模型具有一定强度。

当选用软件默认抽壳参数时(四周壁厚均为 1 mm),为了让成型后腔体内部未固化的树脂流出来,需要开工艺孔,具体步骤如下。

(1)按数据处理步骤完成分层后,切换到分层列表窗口,通过键盘的 ↑ 键或者 ↓ 键将当前选中层移至实体轮廓出现的第一层,如图 3 - 55(a)所示。然后在分层数据编辑栏中选择"圆"按钮 ⊘ 在视图中模型当前轮廓内部合适位置画圆,如图

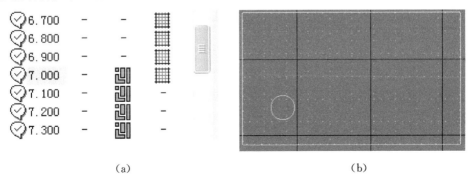

(a)　　　　　　　　　　　　　　　(b)

图 3 - 55　在实体轮廓第一层画圆

3－55(b)所示。

(2)在分层数据编辑栏中点取"选择轮廓线"按钮 ，用鼠标左键点击刚画好的圆，呈选中状态，再单击右键选择"属性"，在弹出的"改变轮廓属性"对话框中选择"抽壳孔"选项，点击"应用"按钮即可将该圆属性改为抽壳孔，如图3－56所示。

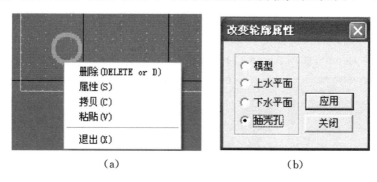

(a) 　　　　　　　　　　　(b)

图3－56　将属性改为抽壳孔

(3)左键选择抽壳孔，按 Ctrl＋C 键进行拷贝，或者选中后单击右键，在弹出的快捷菜单中选择"拷贝"选项。如图3－57(a)所示。

(4)通过键盘的↓键选择下一层，再按 Ctrl＋V 键进行粘贴，重复该步骤直到穿过底层厚度。如图3－57(b)图。

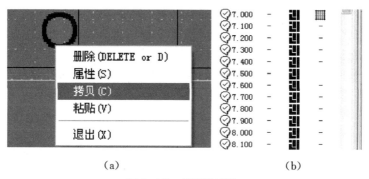

(a) 　　　　　　　　　　　(b)

图3－57　复制抽壳孔

3.3.8　数据输出

按下"数据输出"按钮 ，出现如图3－58所示的"数据输出"对话框，指定数据输出位置、输出文件名称和文件类型等信息。单击"确定"按钮，执行数据输出处理。处理完成后即生成 RPBuild 可加载的 ＊.slc 文件进行模型制作。

图 3 - 58　数据输出

3.4　控制软件 RPBuild 的操作说明

3.4.1　RPBuild 工作界面

RPBuild 采用 Windows 2000/XP 环境下的工作界面,如图 3 - 59 所示,软件工作界面主要有以下几个区域:主菜单区,主工具栏,辅助工具栏,零件制作进程监控区,工艺信息显示区和零件层监控区。

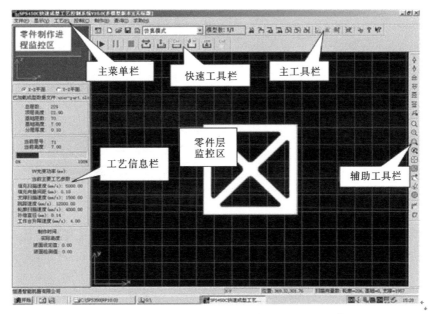

图 3 - 59　RPBuild 工作界面

（1）主菜单栏提供了控制程序中所用到的文件操作、显示（操作状态转换）、工艺、控制、制作、参数查询及求助等命令。

（2）主工具栏提供常用的文件操作和参数设置命令。

（3）辅助工具栏提供不同模式下的零件轮廓操作的命令。

（4）制作进程监控区显示 X-Z 方向或 Y-Z 方向的零件制作进程。

（5）制作工艺信息区显示零件的加工参数和机器状态等参数。

3.4.2 RPBuild 操作过程说明

快速成型机的工控计算机启动后进入 Windows 状态，双击 RPBuild 快捷方式，启动控制程序，即进入 RPBuild 控制界面，如图 3-59 所示。

1. 加载文件

用鼠标点击主菜单"文件"菜单下的"加载成型数据文件"选项，如图 3-60 所示。可以选择加载 PMR、SLC、HDI 三种格式的数据文件，也可以选择打开或者存储工艺控制 RPD 文件，而后会根据您选择的数据文件加载类型弹出相应的文件选择对话框，如图 3-61、3-62 和 3-63 所示。文件加载完毕后，程序界面的零件制作进程监控区和零件层成型监控区内可以看到零件的外形和轮廓。

图 3-60 "文件"菜单

如图 3-62 所示，S_文件为支撑文件，加载实体文件时支撑文件自动代入。

在制作过程中可能需要对当前制作项目进行保存，如图 3-64 所示，此文件包含了本次制作的工艺参数信息。打开时可以选择"文件"菜单中的工艺控制文件，如图 3-65 所示。

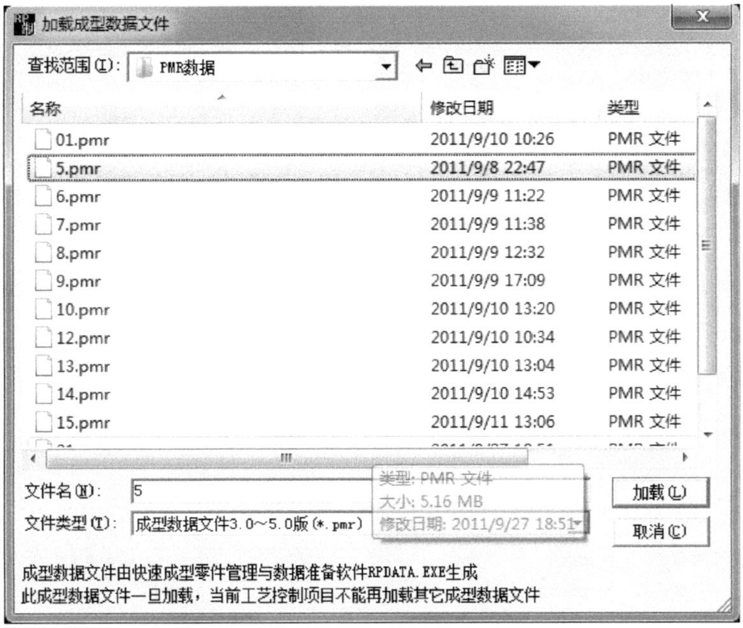

图 3-61　加载 PMR 数据文件

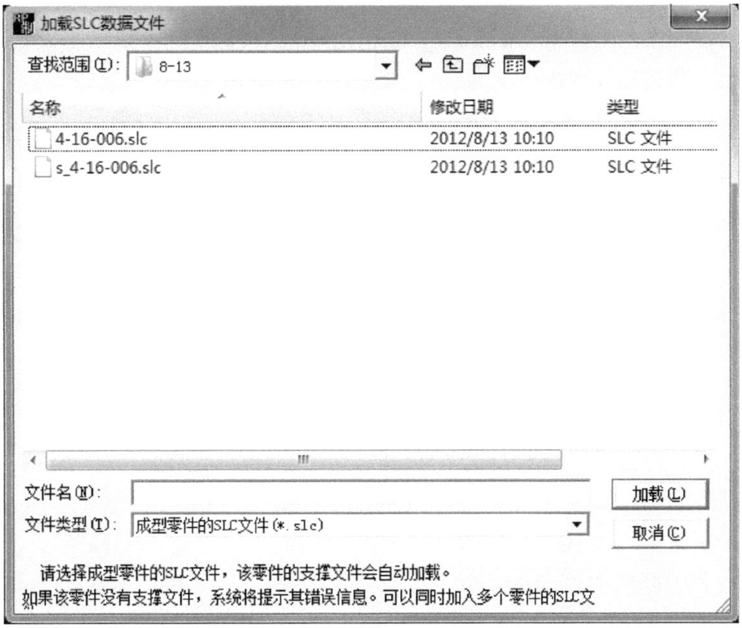

图 3-62　加载 SLC 数据文件

图 3-63 加载 HDI 数据文件

图 3-64 保存工艺控制项目

图 3-65　打开工艺控制文件

2."显示"菜单功能

软件显示功能可以选择切换工作模式和隐现工具条,如图 3-66 所示。

(1)轮廓检视模式:显示每层轮廓,以不同的颜色突出显示开口轮廓或病态轮廓,目的是为了在制作前检查成型数据的正确性。

(2)仿真模式:对制作过程的模拟,可以显示任何一层的扫描顺序;检查数据是否有悬空区域。该模式下伺服系统不产生动作,因此,可以不打开伺服系统。

(3)制作模式:制作零件时的实时控制模式。制作模式下伺服系统产生动作,必须打开伺服电源,并且运动与正常制作完全一样,演示时可以不打开激光电源,此时看不到光点的扫描。

图 3-66　显示菜单

3."工艺"菜单功能

"工艺"菜单如图 3-67 所示,可以编辑制作工艺参数,一般默认是工艺参数制作;也可根据树脂固化软硬、颜色变化程度,对应调整 XY 扫描的轮廓参数,如图 3-68所示。填充及支撑扫描速度设小对应固化程度高,树脂色变大。调整速度参数后,点击"确认",存储当前工艺参数,即完成工艺编辑。

图 3-67　工艺菜单栏　　　　　　图 3-68　XY扫描参数

（1）填充扫描方式

该方式是指激光束对二维轮廓区域扫描的算法与扫描的方向和顺序。共有 XY、
X-Y、XYST、XY-S-T、XYSTA 等五种扫描方式，推荐选用 XYSTA 扫描方式。

（2）轮廓扫描速度

激光束扫描二维轮廓线的速度，单位为 mm/s。

（3）填充扫描速度

激光束填充扫描二维层片的线速度，一般根据光功率大小选择，单位为
mm/s。填充扫描速度和支撑扫描速度的高低视光强弱而定，光的强弱可以从已
制作零件的固化情况反映出来。如果已制作的零件较软，说明光较弱，为了达到较
好的固化效果，需要降低扫描速度，即将扫描速度值改小。填充扫描速度和支撑扫
描速度是相互独立的，填充扫描速度是扫描实体部分区域的速度，可视已做出零件
实体部分的固化情况而定；支撑扫描速度是扫描支撑时的速度，视已做出零件支撑
的软硬而改变其大小。轮廓扫描速度是激光束扫描二维轮廓线的速度。填充扫描
速度可以视光的强弱而定，一般在 3000—9000 mm/s 之间选择。

（4）跳跨速度

激光光点由停泊位置到扫描区域、由扫描区域返回到停泊位置的跳转速度（一
般操作者不需改变）。

（5）支撑扫描速度

激光束扫描支撑线的速度，单位为 mm/s。

（6）填充栅格间距

激光束在填充时两条扫描线之间的距离，这个值主要根据激光束的直径来设

置,单位为 mm。

(7)轮廓与光斑补偿(建议使用缺省值)

轮廓与斑点参数如图 3 - 69 所示,在扫描控制程序中采用了光斑补偿直径。在光固化成型中,圆形光斑有一定直径,固化的线宽大小等于在该扫描速度下实际光斑直径大小。如果不采用补偿,光斑扫描路径如图 3 - 70(a)所示。所做出的零件实体部分实际上每侧大了一个光斑半径,零件的长度尺寸大了一个光斑直径,使零件出现正偏差。为了减小或消除正偏差,采用光斑补偿,使光斑扫描路径向实体内部缩进一个光斑半径,如图 3 - 70(b)所示。从理论上说,光斑扫描按向内部缩进一个光斑半径的路径扫描,所得零件的长度尺寸误差为零。所以需要根据零件误差大小修正补偿直径大小,使补偿直径大小等于实际的光斑直径大小。

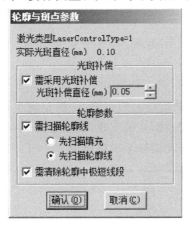

图 3 - 69　轮廓与光斑参数

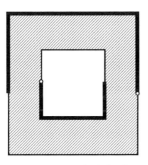 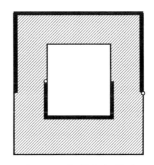

(a)未采用光斑补偿扫描路径　　　　(b)采用光斑补偿的扫描路径

图 3 - 70　扫描路径

（8）涂铺参数

涂铺参数设置属性如图 3-71 所示，为默认设置。是否采用涂铺控制主要考虑要制作零件是否有大的层片面积。如果有大的层片面积，需要采用涂铺。其原因是：树脂是黏度较大的液体，在工作台做下沉再上升运动后，树脂会在已固化零件的上表面中央形成凸起，为了树脂均匀涂覆，需要将凸起刮去。如果采用涂铺，只需在"需采用涂铺工艺"前选择"√"。

注意：只有在制作实体部分时刮板才运动，制作基础支撑时，刮板不运动；一般选择需采用涂铺，用户无需设置。

4. "控制"菜单功能

"控制"菜单功能多用于设备调试安装及操作机床运动控制，如图 3-72 所示。

（1）添加树脂操作

当出现树脂不足时，点击"控制"菜单栏下"树脂液位控制"选项，弹出树脂液位控制窗口（如图 3-73 所示，点击"添加树脂操作"，弹出添加树脂操作窗口，如图 3-74 所示。树脂添加操作，将工作平台降至液面以下 10 mm 处，点击"开始"按钮，F 轴回到原始位置，查看树脂监测差值，一般差值小于-2.5 mm 时，往树脂槽缓慢添加树脂，添加时查看液面差值变化，当差值为-1 mm 左右，树脂添加完成，点击"液位微调"，液面会自动调整至设定液面。

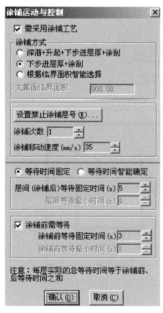

图 3-71 涂铺运动与控制

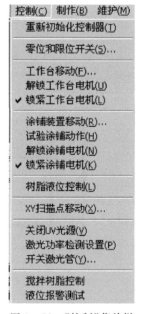

图 3-72 "控制"菜单栏

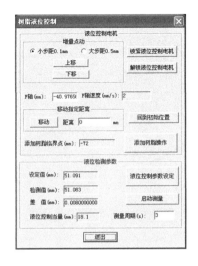

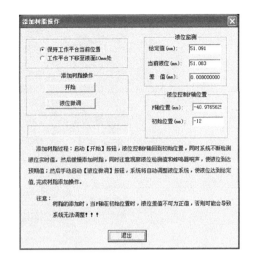

图 3-73　树脂液位控制　　　　　图 3-74　添加树脂操作

注意:树脂添加过程中,要严格按上述操作流程处理。添加树脂一定要缓慢,一般添加至液位检测差值为 −1 mm 左右,差值不能为正!

工作台零位高度比标准液面高 0.3 mm 左右,刮平高度比液面高 0.1 mm 左右。

(2)工作台零位调整设置

一般因误操作引起工作台零位变动,制作时支撑和网板粘结不紧或者零位过高,其设置方法如下。

①工作台降至液面以下 10 mm 处,在添加树脂操作功能下点击"液位微调",使液面高度达到设定高度。

②打开工作台移动控制栏,如图 3-75 所示。输入距离移动工作台,使工作台高度高于液面 1.5 mm 左右(注意此时液面高度非设定液面高度)。点击"设置当前位置为零位(Z)",弹出对话框如图 3-76 所示,点击"是"即完成工作台零位设置。

5. "制作"菜单功能

"制作"菜单可根据制作情况选择制作类型,如图 3-77 所示。若未制作选择"完全重新制作",若制作未完成中断,可选择"续上次制作"。制作多模型时,当出现已制作模型不需要加工时,可选择性去除不加工模型,如图 3-78 所示,点选 UserPart. stl 去勾,点击"确认"按钮,即可去除此模型。

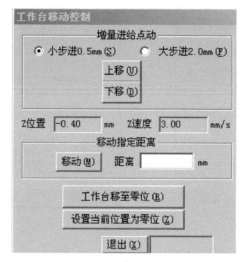

图 3-75　工作台移动控制

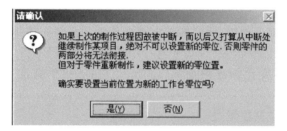

图 3-76　工作台零位设置

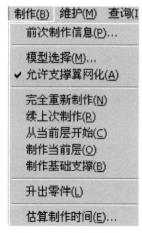

图 3-77　制作菜单栏

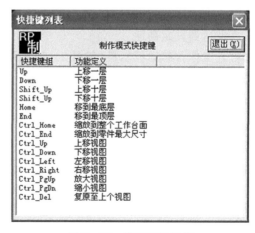

图 3-78　模型选择操作

6."快捷键"菜单栏

可以查看软件操作快捷键列表,如图 3 - 79 所示。

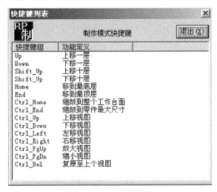

图 3 - 79 　"快捷键"菜单

7. 工艺信息栏

图 3 - 80 显示零件在 Z 方向的视图,可以选择零件在 $X - Z$ 方向或 $Y - Z$ 方向的视图作为视图的方向。如果没有显示方向视图,点击主工具条最左边的图标,刷新显示。方向视图中白线突出显示当前层。

图 3 - 80 中显示了模型分层的总体信息:显示零件分层的总层数、顶层高度、基础层数、基础高度、分层厚度、轮廓状态等信息。

图 3 - 81 所显示的主要是当前工艺参数,其中可以看到当前层号以及当前的

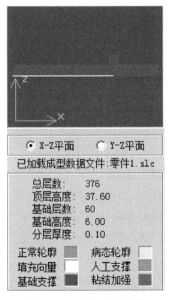

图 3 - 80 　模型信息栏

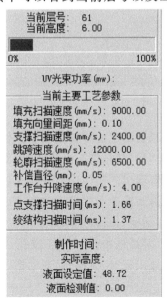

图 3 - 81 　当前工艺参数

高度,激光液面的功率,各个扫描参数和运动速度,还有模型制作的时间和当前液位的高度。

3.5　常用三维软件的 STL 文件的输出方法

3.5.1　UG NX6 输出 STL 数据

打开用 UG 创建的零件或装配文件,点击"文件(F)"菜单,选择"导出(E)"选项下的"STL…"项将选定的实体或片体导出 STL(立体制版)文件。在弹出的"快速成形"对话框中参照图 3 - 82 中数值进行修改。

修改后点击"确定"按钮,在弹出的导出快速成型文件对话框中选择要导出的文件路径(不含汉字)并为要导出的部件命名(不含汉字),点击"OK"按钮,在弹出的"输入头文件信息"对话框中直接点击"确定"按钮,出现"类选择"对话框,如图 3 - 83 所示。用鼠标左键选择要导出的快速成型的模型(在装配文件中可选择单个或者多个),点击"确定"按钮即可在之前指定的文件夹中生成已命名的 STL 文件。

图 3 - 82　"快速成形"对话框　　　　　　图 3 - 83　"类选择"对话框

如果要输出的零件或装配文件是由曲面构成或者含有曲面(不包括圆角特征)时,点击"确定"按钮后会出现"法线方向反向"对话框,如图 3 - 84 所示。

当要输出的实体中包含多个曲面时会出现"选择曲面"对话框,如图 3 - 85 所示。选择基准曲面来确定输出 STL 文件的法向方向,选择后,同样出现"法线方向反向"对话框。观察所选择的曲面上的箭头是否指向体的内部,如果是,在"法线方向反向"对话框中选择"是"按钮;同理,反之选择"否"按钮,再点击"确定"按钮即可。如果出现"错误提示"对话框,一直点击"确定"按钮,直到输出 STL 文件的任务完成。至于输出的 STL 文件中存在的错误可以在前面的 STL 数据处理软件中进行修复。

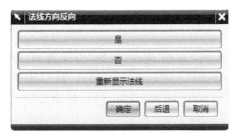 

图 3 - 84 "法线方向反向"对话框 　　　　 图 3 - 85 选择曲面对话框

3.5.2 Pro ENGINEER wildfire4.0 输出 STL 数据

打开用 Pro E 创建的零件或装配文件,点击"文件(F)"菜单,选择"保存副本(A)…"选项,在弹出的"保存副本"对话框中将"类型"选择栏中的默认格式改成 STL 格式,如图 3 - 86 所示。选择好输出路径后点击"确定"按钮,在接下来出现的"导出 STL"对话框的"偏差控制"栏中将"弦高"和"角度控制"分别改为"0",软件会自动计算出最小值。在"格式"栏中选择"二进制"或者"ASCII(＊ STL)"(一般选择"ASCII",这样得到的 STL 文件占用磁盘空间比较小),然后点击"确定"按钮即可在指定的路径下生成该文件的 STL 文档,如图 3 - 87 所示。

SolidWorks、CAXA、AutoCAD 等设计软件导出 STL 文件的方法和 UG、Pro E 软件导出的方法和参数设置类似,均是在保存文件中选取保存类型为 STL 文件即可。

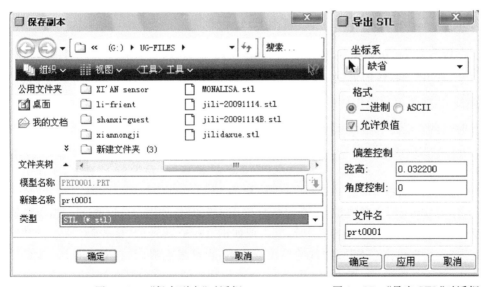

图 3 - 86 "保存副本"对话框 　　　　 图 3 - 87 "导出 STL"对话框

3.5.3 CATIA V5 输出 STL 数据

打开用 CATIA 创建的零件或装配文件,点击"文件"菜单,选择"另存为…"选项,在弹出的"另存为"对话框中,将文件"保存类型"一栏改成"stl"格式,然后选择要导出的路径,点击"保存(S)"按钮即可将该文件转换成 STL 文档,如图 3-88 所示。

图 3-88 CATIA"另存为"对话框

3.5.4 Geomagic studio 10 输出 STL 数据

运行 Geomagic 软件,打开已经采集到的密集点云,点云处理完成后即可进行封装,点击 ▓ 按钮即可;封装完成后可在该软件中对缺失的部分进行修补,点击 ▓ 按钮,在弹出的操作栏中选择相应的工具完成相应的修补操作。当有多余的部分时可用 ▓▓▓▓▓ 选择工具来选择不需要的部分,按 ▓ 按钮或者 Delete键盘按钮删除即可。确认基本没有问题(在 RPData、MAGICS 等 STL 专用处理软件中也可修复)后,点击"文件(E)"菜单,选择"另存为(A)"选项,在弹出的"另存为"对话框中,将"保存类型"选择为"STL(ASCII)(＊·stl)"或者"STL(＊.stl)Binary"文件类型,点击"保存(S)"按钮即可,如图 3-89 所示。当所要输出的文件为单层(即没有厚度)时,会出现如图 3-90 所示的"警告"对话框,按"确定"按钮后即可完成 STL 文件的输出。当然,也可根据提示,在 Geomagic 软件中点击 ▓ 抽壳按钮,在弹出的操作栏中,选择好加厚的方向和厚度值,确定后即可完成单层三角面片的加厚。此时可继续按照前面的步骤输出 STL 文件。

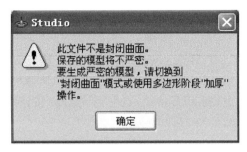

图 3 - 89　Geomagic"另存为"对话框　　　　图 3 - 90　错误警告对话框

3.5.5　3DS Max 输出 STL 文件

打开用 3DS Max 创建的文档,在工具栏中点击 Select Object 图标用左键选中需要导出的实体,点击 图标,在弹出的菜单栏中选择 Export,在弹出的下级菜单中选择 "export"按钮,在弹出的"Select File to Export"对话框中将"保存类型"选择栏中的文件类型改为"StereoLitho(∗ . STL)",如图 3 - 91 所示。点击"保存(S)"按钮,在弹出的"Export STL Files"对话框中直接点击"OK"按钮,即可在前面指定的路径中生成已命名的 STL 文件,如图 3 - 92 所示。

图 3 - 91　"选择输出"对话框图　　　　图 3 - 92　"输出 STL"对话框

需要注意的是,在用该软件设计时,尽量采用实体进行设计,因为在后续 STL 数据处理工作中,如果是片体会因为没有厚度和重量而无法进行后续工作。如果已经用片体设计完了,导出后需要用其它软件对片体进行加厚,加厚时可能出现的交叉现象也需要处理,以免影响整体外观形态。

其它行业的设计软件,如 Rhino 等,如果需要快速成型,也应尽量使用实体来进行设计,以减少后续 STL 数据处理的工作量,同时才能保留原始设计的特征。

3.5.6　JewelCAD 珠宝设计软件输出 STL 文件

打开用 JewelCAD 设计的文档,点击"File"菜单,选择"Export"选项,在弹出的"另存为"对话框中将"保存类型"选择栏中的文件格式改为"STL(＊.stl)Binary"二进制 STL 格式,点击"保存(S)"按钮即可在指定的路径中生成已命名的 STL 文档,如图 3－93 所示。

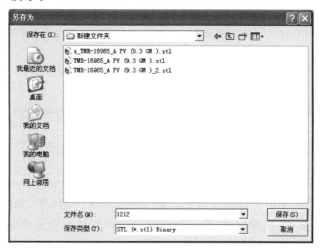

图 3－93　Jewel CAD"另存为"对话框

3.5.7　Poser 三维人体动画软件输出 STL 文件

Poser 三维人体动画软件输出 STL 文件的具体步骤和上面介绍的软件导出 STL 的方法大致相同。需要注意的是,直接导出 STL 文件时会出现很多错误,建议用 VRML(＊.wrl,＊.vrml)格式导出,数据转换时产生的错误会比较少。再用 Magics 软件导入修复,这样会减少很多 STL 数据处理的工作量。

3.5.8　通过 Mimics 将医学 CT 数据转化为 STL 数据

(1)第一步　选择工具栏中"File"菜单下的"Import Images"选项加载 CT 数据,如图 3－94 所示。通常 CT 数据选用后缀名为＊.DCM 的格式。

(2)第二步　选择好数据之后点击如图 3－95 所示对话框中的"Next"按钮后,继续点击"Convert"按钮,弹出如图 3－96 所示的对话框,在菜单中 X 处单击右键并在弹出的菜单中选择"Top"后,单击"OK"按钮。

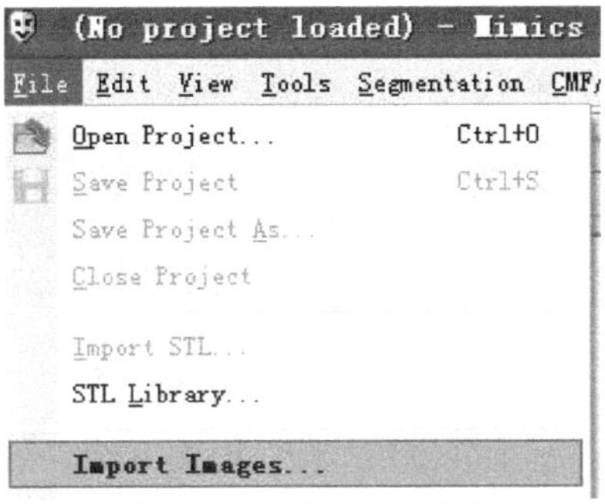

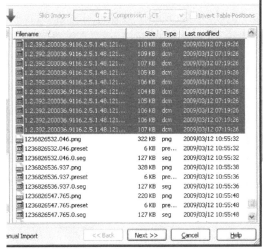

图 3-94　导入 CT 数据

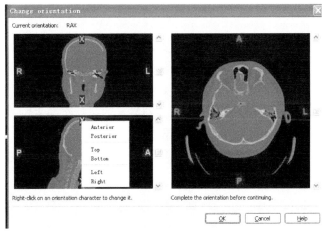

图 3-95　选择 CT 文件

图 3-96　"改变方位"对话框

　　(3)第三步　　选择工具栏中"Segmentation"菜单下的"Thresholding"选项,弹出如图 3-97 所示的界面,输入适当的阈值后点击"Apply"按钮。

图 3-97　"改变阀值"对话框

　　(4)第四步　　选择工具栏中的"File"菜单下的"STL+"选项,弹出界面如图 3-98 所示(最终导出的 STL 数据默认的存储位置为 D:\MedData)。单击菜单中的"Add"选项之后,点击"Next"按钮,弹出如图 3-99 所示的参数设置对话框。在对话框中的"Quality"栏选择"High"选项,单击"Finish"按钮即可完成 STL 数据的输出。

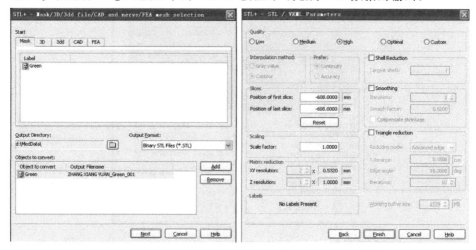

　　图 3-98　"输出 STL"对话框　　　　　图 3-99　"STL 参数设置"对话

练习题

1. PRData、RPBuild 软件主要是用来实现什么功能的?
2. RPBuild 程序有几种显示模式? 分别显示的是什么信息?
3. 数据处理前为什么要对 STL 数据修复?
4. 使用 UG NX、Rro ENGINEER、CATIA 等软件将数据保存为 STL 格式。

第4章 成型机的安装操作和维护常识

4.1 激光快速成型机的系统组成

激光快速成型机按其功能可分为硬件部分和软件部分。软件部分上章已经讲过,硬件部分主要包含以下系统:激光扫描系统、托板升降系统、液位控制系统与涂铺系统、温度控制系统、计算机控制系统。

4.2 工作环境要求

电源:220±10 V,50±2 Hz,3 kW,需配备 UPS 稳压电源。

室温:22—24 ℃,要求有空调及通风设备。

照明:要求采用白炽灯照明,禁止使用日光灯等近紫外灯具,工作间窗户有防紫外窗帘,防止日光直射设备。

湿度:相对湿度 40％以下,要求有除湿设备。

污染:工作间无腐蚀性、有毒气体、液体及固体物质。

震动:不允许存在震动。

4.3 成型机安装说明

4.3.1 安装激光快速成型机的步骤

1. 拆除包装箱

小心拆除包装木箱,除去包装膜,卸下左右两侧面板和前面下部面板,将左右两侧与木头底座连接的紧固螺栓卸掉,将激光快速成型机移到地面。

注意:拆箱前先检查包装箱有无破损,搬运时不要过度倾斜或翻转成型机。

2. 调节水平

激光快速成型机有以下安装要求:激光器水平;刮平台、托板及涂铺装置水平;Z 轴升降台竖直。

首先确定好激光快速成型机的安装位置，为便于设备的检查和维护，成型机后面以及左右两侧与墙壁的距离不得少于 1 m。安装时先拆下左右两侧面板与前面板，将看到四个地脚螺栓。安装激光快速成型机时，要使万向轮离开地面，由四个地脚螺栓支撑成型机的重量并调节成型机的水平。

注意：以 Z 轴升降系统安装基板的右侧面和后面为基准，调整校正用框式水平仪，调整地脚螺栓，使该板在两方向达到铅垂，精度误差在 ±0.02 mm 内，然后锁紧地脚螺钉。

将水平仪（钳工用）放在激光器安装基板上，利用其本身的可调螺钉调整基板水平，然后锁紧。

3. 安装激光器

激光器由激光头、控制箱部分组成。打开激光器包装箱，两个人各持激光头及控制箱，轻拿轻放，将激光头放置到激光快速成型机顶部，激光的出口正对反射镜，注意搬动时保持激光器大致水平并避免震动。将激光头固定在基板上，将控制箱放置在工控机下面的平板上。保留激光器及其电源的包装箱，以便以后维修激光器或搬运时用。

4. 安装扫描器和动态聚焦镜

5. 连接激光器和扫描器的电源线和信号线

注意：操作以上步骤时，连接线标识与对应接口标识保持一致。

6. 激光器通电，调整光路

7. 向树脂槽添加光敏树脂

将工作台移动至距树脂槽上边沿 50 mm 左右，解锁涂铺电机控制或关掉伺服，把刮平移动至最里面。打开树脂包装桶，将树脂缓缓倒入树脂槽，距离树脂槽上边沿 15 mm 即可，随后根据设备调节的情况再适当添加。

注意：不要将树脂溅到刮平导轨上，如果导轨上粘有树脂，应立即用工业酒精擦干净。

4.3.2　成型机拆卸与搬运步骤和注意事项

（1）设备由生产厂家派技术人员负责安装、调试，用户不要擅自拆卸。

（2）拆卸前确认已将激光快速成型机总电源切断。

（3）打开机器上盖，小心卸下激光器、扫描器以及聚焦镜，放入专用箱中包装。激光器与扫描器属精密仪器设备，要轻拿轻放，不能承受重压，包装要防雨、防潮。

（4）打开树脂输出阀门，放出内槽全部或大部分的树脂，将外槽的树脂全部放出。

（5）松开锁紧螺母,调高地脚螺钉,使万向轮着地。

（6）将托板降到树脂槽底部,固定刮板使之在运输过程中不能自由运动。

（7）在装运过程中,切勿过度倾斜成型机,以防造成机架变形或树脂槽内的残余树脂流出,损坏机器精度。

4.4 Z 方向工作台

4.4.1 基本组成

Z 方向工作台包括伺服电机、滚珠丝杠副、滚珠丝杠支座、导轨副、吊梁、托板、安装立板。

4.4.2 维护保养

（1）发现润滑脂不足,定期检查轴承及丝杠副润滑情况,按需及时补充润滑脂。导轨每隔一段时间要擦洗、上油一次,建议用 10♯ 机油。

（2）加工制作完成以后,将工作台升起,高出树脂液面 3—5 mm,避免刮铲零件时,树脂溅到导轨上。

（3）在托板上刮铲零件时,不要用力过大,以免托板受力变形。

（4）加工制作完成后,及时将托板清理干净。使用时间较长的情况下,托板上的有些小孔会被固化的树脂阻塞,此时应该清理托板。可将拖板拆卸下来(转动托板前端两个带滚花的偏心夹紧机构,使其挂钩脱开,再松开托板里边的两个压紧螺钉,水平向前抽出托板)。

（5）Z 轴方向间隙的消除。使用过程中如发现 Z 轴方向进给量有误差,产生的原因有可能是 Z 轴滚珠丝杠轴向窜动引起的。Z 轴方向的检查调整可从以下两个方面进行:

①检查电机与丝杠联轴节是否松动,如松动将紧固螺钉拧紧;

②检查上轴承盖是否压紧上轴承外圈,检查时可用长螺丝,上下撬动丝杠,感觉是否有间隙,如有间隙可以调整压紧轴承的上端盖即可消除。

（6）维修时,如拆下滚珠丝杠副后,不要将滚珠丝杠滑块移到丝杠的尽头,以免滚珠掉出来。如拆下直线导轨副后,不要将直线导轨滑块移到直线导轨的尽头,以免滚珠掉出来。

4.5　液位控制与涂层系统

4.5.1　液位控制部分

激光快速成型机要求树脂液面保持在固定位置不变。由于制作过程中树脂由液体变为固体,取出后,树脂槽的树脂会减少,使液面降低;液面的不稳定会影响制件的精度。液位控制系统的作用是保持液面稳定不变。

4.5.2　光敏树脂的使用说明

光敏树脂为激光快速成型机专用树脂。光敏树脂是一种高分子化合物,无毒、无害、接近无色、无刺激气味。光敏树脂在常温下是黏稠的液体,溶于乙醇,不溶与水。不小心粘到衣服或地板上时,可用酒精清洗。光敏树脂为非易燃品。

光敏树脂按以下要求使用:

(1)使用温度 32 ℃,常温保存;

(2)树脂在成型机内使用或保存时,避免太阳光或紫外光照射。

(3)树脂在容器内存放时,应使容器内有适量空气。

4.5.3　涂层机构

1. 功能

涂层机构在已固化层上表面重新涂覆一层树脂。涂层机构采用真空吸附式装置,保证涂层均匀。真空腔体内树脂液位在 1/2—3/4 为宜。制作零件的过程中,上一层扫描完成后,在扫描下一层之前,需要重新涂覆一层树脂。光敏树脂是粘稠液体,黏度大,表面张力大。由于表面张力的作用,制件上表面涂的树脂有突起,这种突起会影响制件质量。托板下降分层厚度,真空吸附刮板涂铺一次,以保证涂层面厚度均匀、平整。

2. 基本结构

基本结构包括指针、刮平梁、刮板、刮平梁支撑、刮平升降调节螺母、螺母座、螺杆、基座、步进电机、步进电机支座、同步齿形带、同步齿形带轮、同步齿形带轮支座、真空装置盒、导管等。

安装时,指针下尖端与刮平下端面调整在一个水平上,这时升降调节螺母与螺母座指示刻度对零位,此为刮板涂层机构的初装位置,即可装入机架上。然后接好真空装置导管。

3. 刮板高度的调节

在标准液面高度情况下,将工作台降到液面 10 mm 以下,然后再将刮板步进电机解锁或是关闭伺服电源的情况下调节刮板。在步进电机通电未解锁的情况下,不要拉动刮板,以免损坏步进电机。这时利用固定于刮板梁上的两个目测指针,同时转动两个刮板升降调节螺母,使指针一边下降一边观察,等针尖刚触上液面,也即刮板刃口触上液面,此时即刮板与液面平齐。然后,再反转刮板升降螺母使刮板刃口略高于稳定后的树脂液面,此高度一般取 0.1 mm,也可自行确定。试着用手拉动刮板刮平几次,使刮板刃口刚好能刮到树脂。刮板要设定合适的高度,刮板设的太高,则失去了刮平的作用,设的太低,将会把零件刮坏。

4. 涂铺机构的维护

长时间使用涂铺机构,在刮板上会沾附许多固化后的树脂,将影响刮板涂铺工作,必须予以清除。涂铺机构设计上是可拆卸的,用户只要拧下导向键上四个螺钉,即可取下,用工具和酒精加以清除清洗,干净后再返回装上即可。

注意:涂铺机构的直线导轨应定期擦除脏物,涂敷少量机油,保持导轨清洁及运动灵活。

5. 同步齿形带的张紧

在同步带的传动机构中,从动轮支座安装在可微调的滑块上,松开其紧固螺钉,调节滑块的位置,可张紧同步齿形带,然后拧紧滑块的紧固螺钉。

6. 温度控制器及温度传感器

树脂的温度由 PID 温度控制器自动调节,使树脂温度维持在某范围内。温度传感器测量树脂的温度,当树脂的温度超过设定值时,温度控制器给固态继电器发出指令,电阻丝加热板断电;当温度低于设定值时电阻丝加热板通电。控制原理如图 4-1 所示。

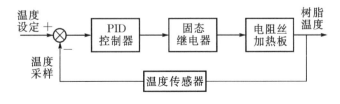

图 4-1　温度控制原理图

温度控制系统包括:PID 温度控制器、温度传感器、电阻丝加热板、固态继电器。

注意:温度控制器在出厂前已经设置好,用户不要擅自变更。

树脂的温度对制件的成型质量有一定的影响,建议用户待树脂温度恒定在
32 ℃时再开始制作零件。

4.6　激光扫描系统的组成与调整

4.6.1　主要组成

激光光路系统包括激光器、反射镜、扫描器、聚焦镜。

激光器采用的固体激光器波长为 355 nm。

4.6.2　光路简图

光路简图如图 4-2 所示。激光器发出的激光束经反射镜 1、2 的反射,进入聚
焦镜,聚焦镜将激光束聚焦,光束经扫描器上的反射镜片反射后聚焦在树脂液
面上。

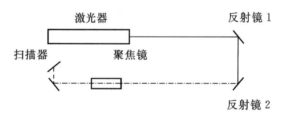

图 4-2　光路简图

4.6.3　光路的调整与维护

1. 光轴调整

当激光器、反射镜和扫描器安装好后,首先观察从激光器出口出来的光束以及
经过基板上两个反射镜反射后射进扫描器的光束是否在一个平面中。如果不在,
就首先通过调整基板上的两个反射镜,使这两束光在同一个平面中,然后从工作台
的上部看扫描器里的两个振镜片,观察激光光束是否都被反射在这两个镜片的中
部(标准情况是反射在两个镜片中间),如果不在中部,就通过调整基板上的两个反
射镜使激光光束射在扫描镜镜片的中部,这样,整个光路就调整好了。通过两块反
射镜调整光束通过聚焦镜轴线。反射镜 1、2 的调整可以实现光轴垂直高度、俯仰

和前后的摆动。通过观察聚焦镜的入口、出口光斑形状或直接在液面上方观察光斑形状进行判断。

2. 清洁反射镜

用光学镜头擦拭纸蘸少许无水乙醇(擦拭纸浸湿后再用力甩干)擦拭反射镜表面,注意每擦一次更换一次擦拭纸,不要用同一张纸反复擦拭。

注意:在操作过程中防止激光直接照射人眼和皮肤。激光器、反射镜、扫描器和聚焦镜要防尘。

4.6.4　精度的调整

在光路调整好的基础上,通过调整聚焦镜光圈来使激光光束的焦点正好在工作平台上,这时候机器的精度最高,具体调整的步骤如下。

逆时针或顺时针旋转光圈,直到光斑的最小点出现在工作平台上。

试做一个标准件,完成后测量 X 和 Y 方向的尺寸(应为平均值),如果不能达到理论值及误差的要求,就用 X 和 Y 方向的测量值分别除其理论值,得到的数值再分别乘以 LPS. dev 文件中的 Xcalibration 和 Ycalibration 两个数值,得到的数值再分别代替 Xcalibration 和 Ycalibration 的两个原始数值,保存后再重新打开 RpBuild 文件,再做标准件,再调整这两个数据,直到达到要求为止(有效位数一般为 10 位左右)。

例如:原来的 Xcalibration 简称为 Xc,X 代表 X 方向的尺寸

则:Xc(新)＝ X(理论值)÷X(测量值)×Xc

Yc 和 Xc 的修正方法一样,直到达到要求为止。

4.6.5　机械机构维护

激光快速成型机机械机构的注意事项如下:

(1)滚珠丝杠(Z 轴)与导轨需每个月擦洗一次,涂润滑油一次。用丝绸织品擦洗,切记忌用棉纱擦洗。

(2)整机的水平校正为每三个月一次(首次应在装满树脂后),制件的尺寸精度校正为光路系统每调整一次就需要校正一次。

4.7　电路系统的维护和简单故障的排除

(1)电源指示灯不亮,设备无法开启。如果电源有电,检查电源总开关 SA1 是否打开,急停开关是否被按下。如果电源有电,总开关 SA1 处在打开状态,急停开

关未按下,则检查强电板上空气开关是否跳下。

(2)电源指示灯亮,面板上电源开关可以开启但伺服按钮开关无法开启。检查强电板上的保险 FU5(红灯亮,则需更换相同规格的保险管)。

(3)电源指示灯亮,面板上电源开关可以开启,激光器钥匙开关后激光器电源无 220 V 输入。检查强电板上的保险 FU4(红灯亮,则需更换相同规格的保险管)。

(4)严禁将树脂滴洒在电气元件上,如不慎将树脂滴洒在电气元件上应及时断电将树脂清理干净。

(5)超过 24 小时以上时间不用设备,可将伺服及加热电源关闭以延长电气元器件和树脂的使用寿命,激光器电源可保持通电状态但电流需降至"0"。

(6)不可频繁开关伺服电源,伺服电源关闭至再开启应间隔 10 秒以上。

(7)常温树脂在首次加热时温度显示会超过设定温度几摄氏度之后逐渐回落到设定温度,此现象为正常,如温度持续升高超过设定温度 8 ℃以上且无回落现象,则温度控制电路有故障需及时断电检查排除。

4.8　激光快速成型机制作零件流程

(1)打开总电源开关(在成型机后面左下角处),控制面板上总电源指示灯亮。

(2)按下"电源 ON"按钮,电源开关指示灯亮。

(3)按下"加热"按钮,加热指示灯亮,即开始给树脂加热,温度控制器开始控制树脂加热。树脂温度上升到 32 ℃时,可以开始制作零件。加热过程大约需要一小时(如若工作间隔不长,可不必关断加热及电源,免去长时间的加热等待)。

(4)旋转"激光"开关至 ON 位置,即打开激光器电源。

(5)打开计算机,启动 Windows98/Windows2000。

(6)按下"伺服"按钮,伺服指示灯亮,即给伺服系统接通电源。

(7)打开 RpBuild 控制程序,加载待加工零件的 *.PMR 或 *.SLC 文件。

(8)依照激光器开机程序打开激光器。

(9)加载或设定制作工艺参数。

(10)调整托板位置,使之略高于标准液面(0.3 mm 左右);若继续制作上次中断的零件,则不要移动托板。

(11)点击开始重新制作后,计算机会提示是否自动关闭激光器(若连续制作,选择"否";若考虑其它,选择"是"),选择后进入自动制作过程。

(12)制作完成后,屏幕出现"RP 项目制作完成"提示。

(13)将托板升出液面,取出制件,将托板清理干净。

(14)清理过程中,可以按下"照明"按钮,使用照明。

(15)继续制作其它项目,则重复步骤(7)～(12)。

(16)关闭激光器依照激光器关机程序进行,最后旋转【激光】开关至 OFF 位置,即关掉激光电源(注意:关闭激光器之前,不应关闭伺服及 RpBuild 控制程序)。

(17)若长时间不使用机器,则应关闭各电源开关,最后关闭总电源。

操作注意事项。

1. 电源

(1)激光快速成型机后面有总电源开关,0 为断电,1 为通电。

(2)控制面板上有"电源"按钮。按下后,指示灯处于 ON 状态时,表示通电,柜门风扇通电转动;指示灯处于 OFF 状态时,表示断电,柜门风扇停止转动。

(3)"伺服"按钮按下后,指示灯处于 ON 状态时,表示通电。通电时,Z 轴升降台电机、XY 扫描系统、刮板电机、液位控制电机、液位传感器通电。

(4)关闭电源时,应先关闭激光器电源,后关闭计算机。对其它部件关闭顺序无严格要求。

(5)"加热"、"伺服"、"激光"任一指示灯未灭时,不能按下"电源"按钮,使电源断掉。

(6)零件制作完成后,如不继续制作,要及时关闭激光器电源。零件制作完成时,控制程序将自动关闭激光器(相当于旋转"激光"开关至 OFF 位置,关闭激光器电源)。

(7)激光器是精密设备,除特殊情况外,不要频繁启动激光器,否则会对其寿命有影响。

(8)"激光"开关控制着激光电源箱的供电。

(9)在伺服电源打开的情况下,不可以用手拖动同步带运动,以防电机失步或损坏。

2. 托板

(1)向上手动移动托板时,注意不要超过刮板位置。

(2)注意保护导轨的清洁,不受树脂的污染。

3. 其它

(1)不要长时间注视扫描光点,防止激光伤害眼睛。

(2)切记不可让激光直射眼睛,以防伤害。

成型机电器控制面板如图 4-3 所示。

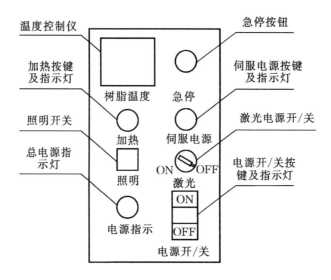

图 4 - 3　电器控制面板示意图

4.9　激光器操作说明

4.9.1　AOC 激光器操作流程

1. 注意事项

(1)不要将外接光纤弯折,注意保护外接光纤!

(2)操作人员请认真按此操作说明进行!

2. 开机顺序

(1)总电源开关。激光器电源背面板白色总电源开关,常闭合使激光器处于上电状态;长时间没有闭合,重新闭合后需要预热 20 分钟左右;临时断开再闭合,预热 3—5 分钟后开钥匙开关。

(2)打开钥匙开关。

(3)打开外触发:如果用内触发,这个按钮不按;内外触发转换时需要在电流为零,shutter 开关与 Q 开关关闭状态下进行。

(4)打开 Q 开关。

(5)打开 shutter 开关。

(6)按"diode"按钮,相应灯亮。

(7)加电流至需要的工作电流(工作电流小于等于说明书上测试报告标明的电流)。

3. 关机顺序

(1)降低电流至零。

(2)按"diode"按钮,相应灯熄灭。

(3)关闭 shutter 开关。

(4)关闭 Q 开关。

(5)关闭外触发(如果使用的是外触发模式)。

(6)关闭钥匙开关。

(7)总电源开关不断开。总电源开关不断开的目的在于缩短下次开机时间,延长激光器使用寿命。

4. 其它

(1)激光器运输到外地时,请使用原包装,注意安放顺序,且激光器出口不要漏泡沫进去。

(2)激光器运输请贴向上标签、防震标签、防湿标签。

(3)激光器与系统集成,需注意激光器(激光头和控制箱)环境与外界环境散热通风。

(4)请注意保持外部环境干净。

(5)总电源开关断电时,请注意在重新开机时预热 20 分钟(以确保激光器安全)。

4.9.2　Explorer 激光器操作流程

1. 特别提示

激光器在正常使用过程中,请不要关闭交流电源开关,保持激光电源处于工作状态。使用过程中开关激光,只需使能 LDD 或禁止 LDD 即可。

连接好系统的所有硬件后,用户可打开激光电源。开机步骤如下。

(1)打开交流电源开关,系统启动。

(2)旋转钥匙开关到 ON 位置,使能菜单操作。

①不要立即按"LDD"使能 LD 电流。等待 10 分钟左右,待整个激光器的温度场稳定。

②观测菜单下 LD 的给定电流和温度是否在合理的范围内,如果是,则按LDD,使能 LD 电流。如果不是,则重新设置温度,再使能 LDD。

(3)LDD 使能后,电流按照斜坡的方式增加到设定值。

(4)使能 QSW 开关。

系统稳定工作后,操作者可以把钥匙开关旋转到 OFF 位置,锁定按键。在进行开机之前,必须等待激光器达到当前环境的温度,然后才能够接通交流电源。旋转交流开关到 ON,则电源系统开始工作。此时显示屏显示初始化信息。然后进入 HOME 菜单进行信息的显示。

开机后,LBO 的温度系统和 LD 的温度系统开始工作。此时由于 LBO 没有达到一定的温度值,则前面板的 LBO 指示灯亮。过一段时间,该灯灭。运行 10—15 分钟后,系统最后稳定在设定的温度。

开机后 FAULT 指示灯闪一下,然后呈现灭的状态,说明此刻没有系统报警出现。如果在运行的过程中,该灯亮,则说明系统出现报警。要查明原因消除报警后,系统才能正常工作。

2. 关机步骤

(1)关闭 QSW 开关。

(2)禁止 LDD,并观察实际的反馈电流。

(3)LD 电流降为 0,直接关闭交流电源开关。

4.10　制作实例

4.10.1　瓶盖快速成型实例演示

快速成型设备选择及模型加载:在快速成型设备上进行模型制作之前,根据快速成型工艺要求需要对 STL 格式的数据文件进行模型布局、支撑生成和模型分层等处理,处理前需要进行不同的参数条件设定。RPData10.5 软件系统便于用户进行条件设定和管理。

下面我们以瓶盖的制作过程为例进行介绍。

(1)选择虚拟设备:单击虚拟设备组合框旁的箭头,出现当前系统中的设备列表,如图 4-4 所示,选择相应的设备。点击如图 4-5 所示的加载数据工具栏,加载 STL 格式数据文件。

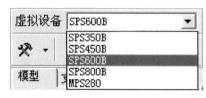

图 4-4　虚拟设备选择对话框

图 4-5　加载数据工具栏

(2)单击打开 STL 文件按钮或点击"文件"菜单下的"打开…"选项,如出现如图 4-6 所示的加载模型对话框。本瓶盖模型将从桌面"model"文件夹项下导入数据。

图 4-6　加载模型数据对话框

(3)选择造型方向或平台布局操作界面功能键如图 4-7 所示。选择造型方向:按下 🖰 按钮,在视窗口中单击鼠标左键,以便在模型中选择某一曲面中的某个三角面片,使选择到的三角面片所在平面法向垂直向下,如图 4-8 所示。然后单击鼠标右键,在弹出的快捷菜单中选择"应用"命令,执行定位操作,结果如图 4-9所示。完成后单击右键选择退出即可。

图 4-7　造型方向和平台布局工具栏

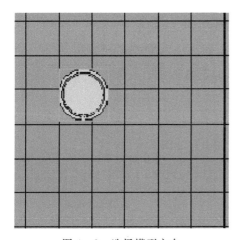

图 4-8　选择模型方向

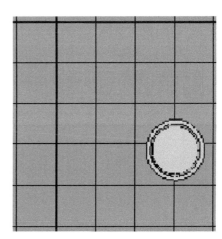

图 4-9　执行定位操作

(4)如图4-10所示,按住鼠标左键,拖动鼠标,可移动模型制作位置,如图4-11所示。

图4-10　选择模型数据

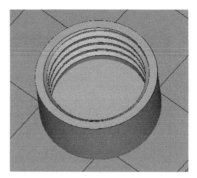

图4-11　移动模型位置

(5)自动生成工艺支撑工具栏,如图4-12所示,按下 ▧ "自动支撑处理"按钮,将出现如图4-13所示对话框,按"是"开始处理。

图4-12　工具栏

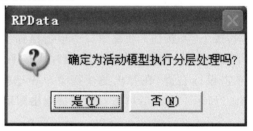

图4-13　"自动支撑处理"话框

(6)工艺支撑生成后,按下模型支撑分层列表窗口中的"支撑数据"标签,如图4-14所示,使列表窗口切换到支撑数据栏,如图4-15所示。

模型	支撑数据	分层数据	
选择	显示	类型	名字
▶	👓	实体	📦 ba...

图4-14　"支撑数据"标签

模型	支撑数据	分层数据
序号	类型	面积(mm^2)
1	N	552.8
2	N	527.7
3	N	324.8
4	N	128.1
5	N	99.8
6	N	66.3
7	N	66.3
8	N	58.7
9	N	28.6
10	N	20.9
11	N	20.9
12	N	14.7

图4-15　支撑数据栏

(7)视图窗口将显示当前模型的被选择支撑,如图 4 - 16 所示。按下  "切换模型显示"按钮来显示被隐藏模型,如图 4 - 17 所示。

(8)支撑手工编辑工具栏,如图 4 - 18 所示。

(9)分层处理:支撑编辑处理完之后,就可以对数据进行分层处理。在数据处理及参数设定栏中点击分层处理按钮如图 4 - 19 所示,在弹出的"分层处理"对话框如图 4 - 20 所示中按"是"开始处理。

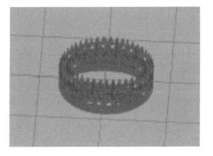

图 4 - 16　模型的被选择支撑

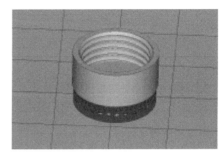

图 4 - 17　模型和支撑

图 4 - 18　支撑手工编辑工具栏

图 4 - 19　工具栏

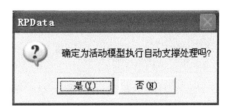

图 4 - 20　"分层处理"对话框

(10)分层处理后,按下模型支撑分层列表窗口中的"分层数据"标签,如图 4 - 21 所示,将列表窗口切换到分层数据列表,如图 4 - 22 所示。

(11)弹起"切换模型显示"按钮 ,画面显示当前层的形状,如图 4 - 23 所示。经过此过程可浏览分层数据列表及各分层数据。

(12)分层数据编辑:通过如图 4 - 24 所示的工具栏进行分层数据编辑。

(13)非封闭轮廓接续:非封闭轮廓如图 4 - 25 所示,按下  按钮,在视图窗口中,单击鼠标左键,选择"非封闭轮廓",搜索显示轮廓起始点,如图 4 - 26 所示。

序号	类型	面积(mm^2)
1	N	552.8
2	N	527.7
3	N	324.8
4	N	128.1
5	N	66.3
6	N	66.3
7	N	58.7
8	N	28.6
9	N	20.9
10	N	20.9
11	N	14.7

（模型　支撑数据　分层数据）

图 4-21　"分层数据"标签

高度	开环	闭环	支撑
0.00	-	-	
0.10	-	-	
0.20	-	-	
0.30	-	-	
0.40	-	-	
0.50	-	-	
0.60	-	-	
0.70	-	-	
0.80	-	-	

（模型　支撑数据　分层数据）

图 4-22　分层数据列表

图 4-23　显示分层状态

图 4-24　分层数据编辑工具栏

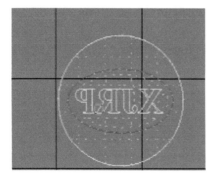

图 4-25　非封闭轮廓

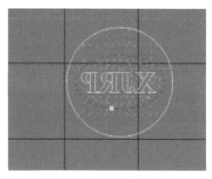

图 4-26　显示非封闭轮廓起点

(14)在视图窗口中,单击鼠标右键,弹出快捷菜单,选择"删除起始点"命令或者按下"DELETE"或"D"键,删除轮廓起始点,重复上述操作,直至出现如图4-27所示的状态。然后按下"直线" ✏️ 按钮,选择直线命令,将开口的轮廓进行连接,如图 4-28 所示。

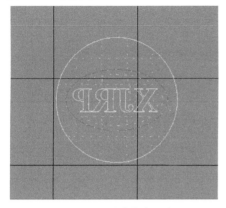 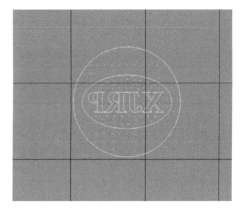

图 4-27　删除轮廓起点　　　　　图 4-28　用直线封闭过的轮廓

(15)清除病态轮廓:如果分层数据中出现如图 4-29 所示的瓶盖字母病态轮廓,按下"选择非封闭轮廓线" 🔲 按钮,在视图窗口的任意位置,单击鼠标左键,会自动搜索选择非封闭轮廓。画面状态如图 4-30 所示。

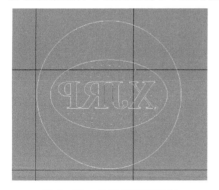 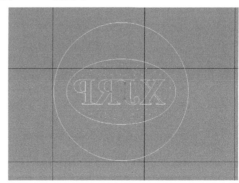

图 4-29　出现非封闭轮廓　　　　　图 4-30　选择非封闭轮廓

(16)在视图窗口中,单击鼠标右键,弹出的快捷菜单中选择删除命令或者按下DELETE 键或 D 键进行删除,如图 4-31 所示。重复上述的操作,直至画面状态如图4-32所示没有病态轮廓为止。

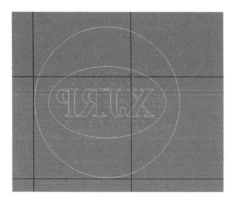
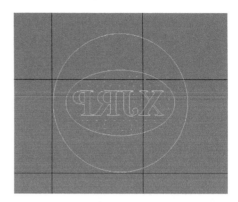

图 4 - 31　逐个删除非封闭轮廓　　　　　　图 4 - 32　修复好的分层轮廓

　　(17)数据输出:按下"数据输出"按钮 ，出现如图 4 - 33 所示的"数据输出"对话框,指定数据输出位置、输出文件名称和文件类型等信息,单击"确定"按钮,执行数据输出处理。处理完成后即生成 RpBuild 可加载的 ∗. slc 文件进行模型制作。

图 4 - 33　"数据输出"对话框

　　(18)选择"改变路径"按钮,指定数据输出位置、输出文件名称和文件类型等信息,单击"输出"按钮,执行数据输出处理,如图 4 - 34 所示。
　　(19)激光快速成型机的控制面板如图 4 - 3 所示,开机顺序如图 4 - 35 所示。
　　注意:设备正常打开后,等树脂温度到达预设值之后再开始制作瓶盖。
　　(20)在如图 4 - 36 所示的软件主工具栏"文件"菜单中,加载 SLC 格式文件。
　　(21)在弹出的对话框中选择生成的制作数据文件,如图 4 - 37 所示。本瓶盖数据文件将从文件夹"model"加载。

图 4-34　数据存储路径对话框

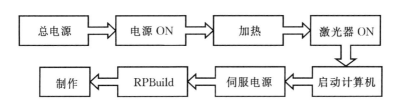

图 4-35　激光快速成型机开机顺序

图 4-36　文件菜单

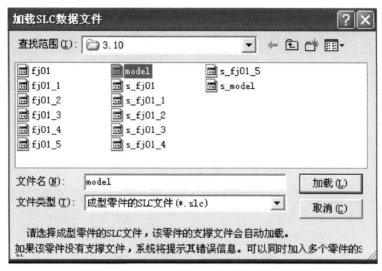

图 4 - 37　"加载 SLC 数据"对话框

(22)在主工具栏中选择仿真模式,如图 4 - 38 所示,通过辅助工具栏的 ⇧、

⇩、🔍 等工具进行仿真检视,检查数据支撑是否正常。接着在主工具栏中选择
如图 4 - 39 所示的制作模式。

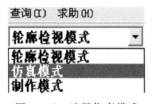

图 4 - 38　选择仿真模式

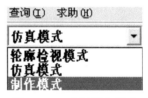

图 4 - 39　选择制作模式

(23)选择主菜单的制作栏并选择"完全重新制作",如图 4 - 40 所示。

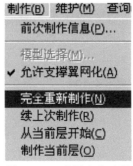

图 4 - 40　选择完全重做

(24)在弹出的菜单中选择"保持激光打开状态",如图 4 - 41 所示。制作开始前会提示是否保存制作工艺,一般选择不保存,如图 4 - 42 所示。

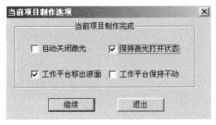

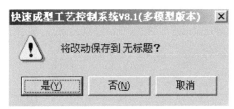

图 4 - 41　项目制作选项　　　　　　　图 4 - 42　"保存制作"对话框

(25)在制作开始前,判断激光功率是否正常并做出相应的选择,如图 4 - 43 所示。

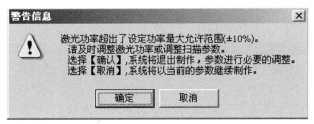

图 4 - 43　激光功率检测

(26)开始制作:激光在液态的光敏树脂上按照模型的轮廓进行扫描。激光扫描之后的区域固化,逐层叠加。制作完成后,系统会自动弹出制作完毕提示,点击"OK"。

(27)使用铲刀等工具将支撑和工作台分离,控干制件表面树脂,将制件取出,如图 4 - 44 所示是瓶盖分离实验照片。清理工作台表面支撑碎片,将工作台移动距离输入 -10 mm 位置处,此项目制作完成。

图 4 - 44　模型从网板上分离过程

(28)瓶盖制作完成之后,需要进行一系列的后处理过程,经过这些过程,模型才能够交付。后处理过程包括:成型件清洗→去支撑→表面处理打磨→喷砂→喷漆→补缺→打磨→质量检验→包装→交付。

(29)拿到激光成型件后先进行酒精清洗(纯度在 90% 以上的酒精或丙酮、异丙醇等),如图 4-45 所示。模型清洗的过程中进行手工去支撑,如图 4-46 所示。

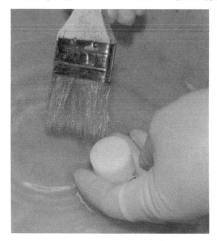

图 4-45　用酒精清洗成型件　　　　　　图 4-46　手工去支撑

(30)吹干的基本要点是用喷枪将洗净的零件快速吹干,如图 4-47 所示。用型刀对表面进行刮削处理,如图 4-48 所示。

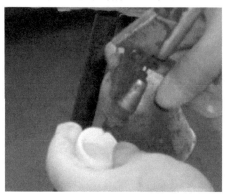
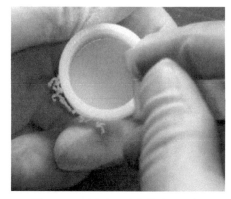

图 4-47　用喷枪吹干零件　　　　　　图 4-48　用型刀对支撑表面刮削

(31)水砂纸由粗到细打磨,如图 4-49 所示。水砂纸的牌号有 320♯、420♯、500♯、600♯、800♯、1000♯、1200♯、1500♯、2000♯。

注意:激光快速成型件在进行表面处理时应看图视物,先用卡尺对应检查,找出不符之处做标记。然后注意:①保留零件特征;②锐角;③平面;④过渡节;⑤防止变形。

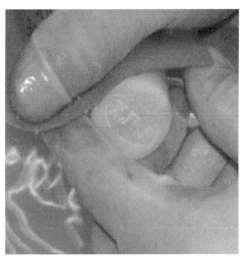

图 4-49 用水砂纸打磨零件表面

(32)补缺:由于光固化成型在制作过程中光敏树脂表面会有气泡,或者光敏树脂含有杂质等会给成型件带来一定的缺陷。例如:制作过程中预留的工艺孔;用于链接或粘接用的连接头、孔、销、柱等。

针对上述情况,如果零件在后续的处理中需要喷漆时,一般采用汽车维修用的腻子,或自己调配的速干性腻子,如用 502 混合粉类塑料。

如果原型件要求原色原状,就要用专业的紫外光修补设备。将原型件要修补的地方清理干净,涂上相同型号的光敏树脂,用紫外光照射,过度的照射会影响表面颜色的不同,所以要掌握好时间。

后处理完成,产品制作完成。

4.10.2 茶壶紫外光快速成型实例

(1)加载模型(STL 数据):在主工具栏选择"文件"下拉菜单中的"装入模型"选项,进行 STL 数据加载,加载界面请参照前文进行操作。

(2)在弹出的"载入模型"对话框中,选择模型文件"chahu"进行加载。

(3)轮廓编辑:在快速工具栏内选择 ⬛ 按钮,对模型进行分层处理。分层完成后将弹出如图 4-50 所示的对话框,点击"确定"。

(4)在快速工具栏内选择 ⬛ 按钮,进入轮廓编辑器,如图 4-51 所示。

(5)选择辅助工具栏中的 ⬛ 按钮,弹出如图 4-52 所示的对话框选择作用范围,请选择"对全部层进行"。

图 4-50　分层结束提示信息

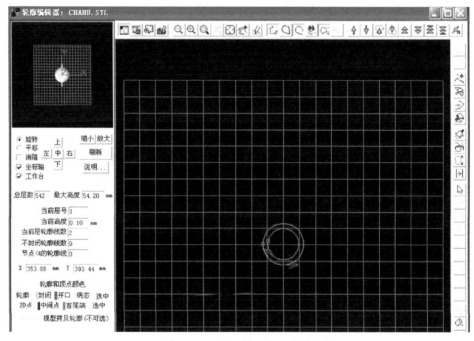

图 4-51　茶壶轮廓编辑过程

图 4-52　"选择作用范围"对话框

(6)处理结束后如果弹出如图 4－53 所示的提示信息,重复按下按钮,直至弹出如图 4－54 所示的提示信息,消除轮廓共线中间点,处理结束。

提示信息

该操作对86个轮廓中的85个起了作用,从原来的2512个顶点中滤除了1321冗余点(共线弦差<0.002mm)!

确定

图 4－53 提示信息

提示信息

该操作未对任何轮廓发生作用!

确定

图 4－54 提示信息

(7)依次按下按钮尝试连接开口轮廓,按下 按钮消除轮廓中的细小线段,按下 按钮去除孤立点或孤立线段,其操作步骤按照消除轮廓共线中间点的顺序进行。全部修复完成后关闭轮廓编辑器,按下"关闭"按钮,并对修改进行保存。

(8)人工支撑编辑器:选择 按钮,进入人工支撑编辑器,如图 4－55 所示。

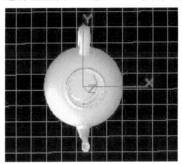

图 4－55 支撑编辑器

(9)在快速菜单中选择 将视图调至合适大小,选择辅助菜单栏中的 、

+ 、－ 等工具,在视图中轮廓所在区域上进行手动支撑编辑,编辑完成后效果如图 4－56 所示。完成后退出手动支撑编辑器。

(10)完成手动支撑编辑之后,点击支撑下拉菜单中的"基础支撑设置"命令,如图 4－57 所示,进入基础支撑设置默认页面,如图 4－58 所示。手动操作将基础支撑层数设置为 6 mm,并将基础支撑间距调整为 100 mm。

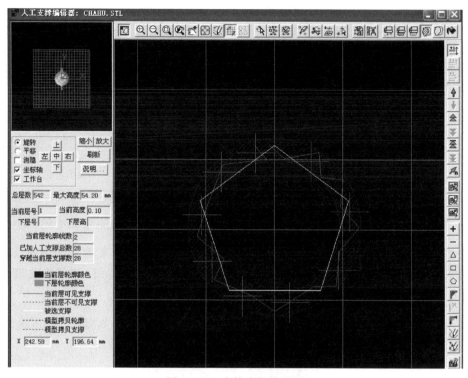

图 4-56 支撑编辑效果图

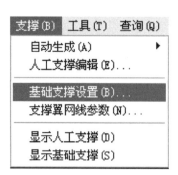

图 4-57 基础支撑设置

图 4-58 设置基础支撑

(11)数据输出(PMR 格式):选择文件下拉菜单,如图 4-59 所示。

图 4-59　选择文件下拉菜单

(12)指定茶壶数据保存位置并指定文件名,完成后单击"确定"。输出完成后退出程序,并对所有编辑进行保存,格式为 LPS。

(13)加载 PMR 格式文件:打开软件操作界面,点击"文件",出现下拉菜单,选择"加载成型数据文件"选项。

(14)选择制作数据:完成选择加载数据文件命令之后,本茶壶案例将从"chahu"文件中加载成型数据文件。

(15)加载完制作数据之后,在主工具栏中选择仿真模式,进行操作。通过辅助工具栏的工具进行仿真检视,如图 4-60 所示,如发现病态轮廓,进行轮廓仿真修复。完成仿真检视步骤之后在主工具栏中选择制作模式。

(16)选择主菜单的制作栏并选择"完全重新制作",如图 4-61 所示。

(17)制作开始前会提示是否保存制作工艺,一般选择不保存,如图 4-62 所示为提示对话框。

(18)观察网板位置,紫外光在液态光敏树脂上按照模型轮廓进行扫描,扫描之后的区域固化,逐层叠加至此快速制造开始。制作完成后,系统会自动弹出制作完毕提示,请点击"OK"。

(19)茶壶样件制作完毕,将工作台升出液面,使工作台处于 Z 位置为 2.00 mm。

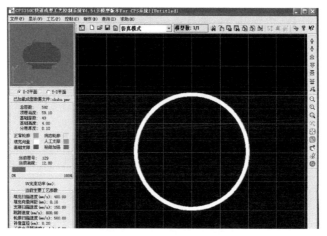

图4-60 仿真模式检视

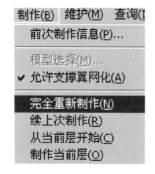

图4-61 制作选项

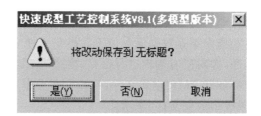

图4-62 提示对话框

(20)茶壶模型制作完毕之后,控干制件表面树脂,如图4-63所示。使用铲刀等工具将支撑和工作台分离,如图4-64所示,并将制件取出。

图4-63 茶壶制作完毕

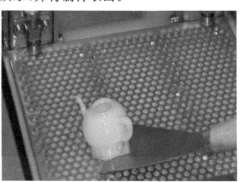

图4-64 与工作台分离

(21)将茶壶模型和网板分离之后,在装有酒精的容器内清洗制作好的茶壶模型(纯度在 90% 以上的酒精、丙酮或异丙醇等),如图 4-65 所示。模型清理过程同步进行去支撑,并将支撑分离,如图 4-66 所示。

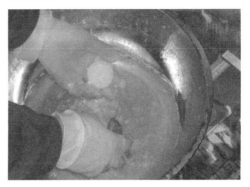

图 4-65　用酒精清洗成型件　　　　　　图 4-66　去支撑过程

(22)模型去支撑之后用空气压缩机吹干模型表面的酒精,如图 4-67 所示。模型吹干之后,将其放置在紫外固化箱中进行后固化,如图 4-68 所示。

图 4-67　用喷枪吹干零件　　　　　　图 4-68　后固化处理

练 习 题

1. 激光快速成型机安装环境有哪些要求?
2. 激光快速成型机扫描系统主要由哪几部分组成?
3. 激光快速成型机为什么需要液位控制?

第5章　首版后处理技术简介

利用现代物理、化学、机械、电子学科中的激光技术、热处理、纳米技术等新技术的融合、复合、叠加来改变零件表面的状况和本质,使之与零件本体材料作强强优化结合,以期达到预定技术要求的工艺方法,称为表面后处理。

5.1　首版

5.1.1　首版的定义及来源

首版在国内通用的叫法有:手办、手板、首版、样版、样件、模型等,就第一实物而言,选用首版冠名的兼容性能比较客观地反映事实。

首版有几重含义,但它们都有一个共性,即是由数据包、图纸、采用不同的加工方式,制造出的第一个实物零件,它们的来源主要为以下几种。

(1)采用增材制造法制造出的零件;

(2)采用 CNC 技术制造出的零件;

(3)采用快速模具技术制造出的零件;

(4)采用手工技术制造出的零件;

(5)实物零件;

(6)以 RP 原型,采用消失法制造出的铸件;

(7)采用等材制造技术制造出的零件;

(8)采用低压灌注技术制造出的零件;

(9)采用数码累积成型技术制造出的零件;

(10)采用高速切削成型技术制造过的零件。

以上所列,为常见的快速(敏捷)制造,随着基础研究的深入,还有未被列入的原理性和处在原型机阶段的试验机。

5.1.2　首版的作用

(1)检验外观设计:色彩、美观性、触感等软性指标。

(2)检验结构设计:功能评估。

(3)检验配合设计。

(4)检验干涉。

(5)避免直接开模具的风险性。

(6)使产品面世时间大大提前。

(7)有效地提高产品开发的速度。

首版还可以拓展其真实模拟考量,满足商业实际运作(见图5-1),比如报样、招标、预测市场、单一制造以及同一品种不同外观等,获取上市前最后的定型。

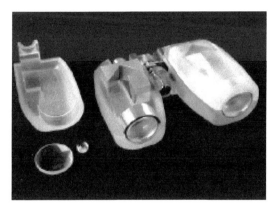

图5-1　接单样品

5.1.3　常用首版材料简介

首版的来源广泛,使用材料、加工的方法各不尽同,所以对不同工艺、不同材料生成的首版,应当选择不同的后处理工艺。

常用首版材料包括减材制造的原料(如各种金属材料、非金属材料)、增材制造的原料(光敏树脂等)、翻模制造的产品原料(AB料)等。

1. 高分子反应型化学材料

俗称 AB 料,分真空注型用料、常压浇注用料、低压注型用料。由于是反应型化学塑型,分子结构与热塑性材料有着本质上的区别,所以在所有的材料性能介绍前都必须冠以"类似"某某材料性能,比如F-33具备"类"ABS性能。

(1)类 ABS:用于一般产品外壳,具有良好的强度,可以表面电镀。

(2)类 PMMA:即有机玻璃。具备良好的透明性,不适于受力、承重使用。

(3)类 PP:耐冲击性佳,柔韧度优异,可应用于耐冲击条件严格的制件要求。

(4)类 PC:强度、韧性均佳的材料。

(5)具备绝缘级别、防燃烧类别的聚合树脂。

2. 金属材料

(1)铝镁合金、铝、铝合金、钛合金等质轻、强度佳的材料。缺点是成本较高。

(2)金属粉末烧结件。金属粉末目前有不锈钢、青铜、钢等。

3. 特种材料

(1)满足单色光透的零件制造。

(2)导电性材料成型。

4. 热塑性材料

热熔性塑材一般是 CNC 加工时所采用的材料。非金属材料常见的有 ABS 树脂板料和棒料、亚克力、PP 或 PC 等热熔性塑材。

ABS 树脂是目前产量最大、应用最广泛的聚合物,ABS 是丙烯腈、丁二烯和苯乙烯的三元共聚物,A 代表丙烯腈,B 代表丁二烯,S 代表苯乙烯。ABS 树脂是五大合成树脂之一,其抗冲击性、耐热性、耐低温性、耐化学药品性及电气性能优良,还具有易加工、制品尺寸稳定、表面光泽性好等特点,容易涂装、着色,还可以进行表面喷镀金属、电镀、焊接、热压和粘接等二次加工,广泛应用于机械、汽车、电子电器、仪器仪表、纺织和建筑等工业领域,是一种用途极广的热塑性工程塑料。

亚克力也叫 PMMA 或者亚加力,都是英文 acrylic 的中文名称,翻译过来其实就是有机玻璃,化学名称为聚甲基丙烯酸甲酯,是一种开发较早的重要热塑性塑料,具有较好的透明性、化学稳定性和耐候性,易染色、易加工、外观优美。有机玻璃产品通常可以分为浇注板、挤出板和模塑料。

PP(聚丙烯)是一种半结晶性材料。共聚物型的 PP 材料有较低的热扭曲温度、低透明度、低光泽度、低刚性,但是具有更强的抗冲击强度,是常见塑料中较轻的一种,其电性能优异,可作为耐湿热高频绝缘材料应用。

PC(聚碳酸酯)是一种通用工程塑料。无色透明,耐热,抗冲击,在普通使用温度内都有良好的机械性能,耐冲击性能好,加工性能好。

5. 弹性材料

用于制造密封件、按钮等柔性、弹性零件。如:聚氨酯,硅胶,高、中、低温硫化的橡胶等材料。缺点是流动黏度过大,成品率低,后期处理相对较难。

5.1.4　首版分类

1. 按基础材料分类

(1)金属材料——铜、铁、铝镁合金等;

(2)非金属材料——PC、ABS、电胶、橡胶类软性材料;

(3)陶瓷、沙、粉末等材料——激光烧结;

(4)纳米材料——医学、光学领域用材料;

(5)复合材料——碳纤维、玻璃纤维、金属纤维等;

（6）特种材料——电、光等材料。

2. 按首版零件制造方式分类

在首版制造行业里，由设计理念转变为实物的快速制造系统称敏捷制造或快速反应制造。快速反应制造分三大类。

（1）减材制造法：高速切削加工——无需转化，可直接用于实物，如 CNC 产品等。

（2）增材制造法：叠加成型、沉积成型、三维打印等。

（3）等量制造法：铸造、模具浇注、锻造等。

这三大类快速反应制造诞生的首版零件，其表面都带有机械加工的痕迹、毛刺和堆叠现象，属于装配前半成品，还需要经过人工或机械的再次加工才可以作为成品。再次加工是指零件的后处理，在后文将详细介绍。

3. 按首版的应用范围分类

（1）功能性验证产品

①检验外观设计。首版不仅是可视的，而且是可触摸的，它可以很直观的以实物的形式把设计师的创意反映出来，避免了"画出来好而做出来不好"的弊端。因此首版制作在新品开发过程中产品外形设计方面是必不可少的。

②检验结构设计。因为首版是可装配的，所以它可直观反映出结构合理与否、安装的难易程度等，便于尽早发现问题、解决问题。

③避免直接开模具的风险。由于模具制造的费用高、时间长，用几个月制作一套模具费用达数十万乃至几百万很常见，如果在模具做好后试制出产品来，再发现问题想修改产品，做好的模具就没有用了，在时间、金钱、商机上的损失将是巨大的。在制模试生产前先做首版，针对暴露的问题修改设计，改过后再做首版，如此循环直至设计基本定型时，再制模生产，可有效节省研发时间，降低试制风险。

④有利于快速反应把握商机。可以在模具尚未开发、产品尚未定型生产，就利用首版开始产品的宣传、前期的销售和生产准备工作。

（2）仿真模型

①极品收藏；

②报样；

③实物展品；

④个性化服务。

（3）实用件

①停档产品的复活；

②小批量生产。

第一类快速零件,在经过手工打磨后处理,就可以用于研发。第二类需要对产品进行软性技术升级,这种升级是精准的,真实再现了设计者理念,并给以最完美的展示,甚至将零件功能延伸到了第三类首版的要求。这是普通后处理无法达到的,它对产品的要求已经达到商业使用标准,其高仿真、高实用度的技术处理涵盖了目前所有商业产品的表面处理和其它技术的融合,所以,在实际的快速制造应用领域里,我们常常见到的是二合一的或三合一的技术需求。

5.2　首版后处理的意义

通过专业的、有效的、精确的后处理,使首版达到设计标准。首版后处理可以:

(1)控制零件表面粗糙度;

(2)控制零件各项技术指标;

(3)控制零件装配关系、提高拼接质量、控制尺寸链;

(4)控制前期制作时带来的零件缺陷,也可以控制后处理时不小心带来的意外;

(5)提高零件尺寸精度。

上述所有都是为了保证零件的指标达标,为零件下一步处理做好准备。在经过这节工艺后,零件达到使用要求,将用于以下用途:

①充当模具母件,快速模具服务;

②直接做消失模,单个、小批量生产实体;

③高仿真样板,招标实物、人体工程性验证等;

④产品配合验证,配合件组装试验,零件组装干涉试验等;

⑤功能试验,导电、屏蔽、盐雾、耐蚀试验等。

5.3　首版后处理的必要性

5.3.1　增材制造原理

由原材料转变成型(零件)的过程我们可分为 3 大类:

(1)去材加工,如高速切削、CNC、电火花等;

(2)等材加工,如快速模具、锻造加工、铸造、浇注、冲压等;

(3)增材加工,如 SLA、FDM 等。

增材制造(addtive manufacturing,AM)是采用材料逐渐累加的方法制造实体零件的技术,相对于传统的材料去除-切削加工技术,它是一种"由下而上"(bottom-up)的制造方法。它是基于离散-堆积成形原理的先进制造技术,可由产品的三维 CAD 模型数据直接驱动,组装(堆积)单元材料而制造出任意复杂且具备使用功能的零件的科学技术。

增材制造技术可以在不用模具的条件下生成几乎任意复杂的零部件,极大地提高了生产效率和制造柔性。它可以在原始设计的基础上快速生成实物,也可以用来放大、缩小、修改和复制实物,使设计师可从实物出发,快速找出不足,不断改进、完善设计。近 20 年来,增材制造技术取得了快速的发展。

5.3.2　制造方向的选择

光固化快速原型制造技术是一项很精巧的堆叠制造技术。采用传统加工工艺制造的零件,都具备唯一的加工方向和加工工艺。而采用光固化快速原型制造技术制造零件,其加工(堆叠)方向的选择具有多元性,我们可以选用数据零件的任何一点作为加工方向来生成零件。

但在实际操作时我们还需要考虑很多问题,加工方向的定向选择,决定了成型零件表面的光洁度、技术参数的达标率、支撑占用比例、去支撑简易程度和经过后处理后零件的完整率、细节完整率、特征保留率、扫描路径的选择、补偿等。

因此,在制造方向的选择上应注意以下几点:

(1)保证加工质量和成功率:应优先考虑加工质量和成功率。加工速度再快、成本再低,但加工出的是不符合要求的零件,那也没有任何意义。应考虑台阶效应等因素对成型零件的表面光洁度和尺寸的影响。应考虑对零件翘曲变形程度和方向的影响。应考虑保证零件的关键细节或特征制作完整、清晰。

(2)加工速度。光固化快速成型机的激光器价格昂贵、寿命有限,缩短加工时间提高加工速度可减少设备占用、减少激光器损耗。

(3)后处理难度和时间。"支撑"一般不应加在配合面、关键尺寸、不好处理的内表面等地方。

(4)制作成本。"支撑"越少越好。"支撑"的多少和大小也是影响制作成本的重要因素。因"支撑"是后处理时需要去除的部分,其占用比例越大,材料损耗就越多。不同的造型方向导致不同的支撑材料损耗,极端情况下制作成本可能相差一倍。

应根据零件所要达到的目的,以及后期应用场合、检验手段等,进行有倾向性的条件定位,选择最佳性价比、时间、可靠率、成功率等最佳综合条件,确定零件制作方向,进行零件制造。

5.3.3　层叠机理

快速成型技术从成型思想上突破了传统的成型方法,其基本构思是:任何三维零件都可以看作是许多等厚度的二维平面图形沿某一坐标方向叠加而成,即"分层制造、逐层增加"的制造思想。

RP 技术是采用增材型的制造方法,它将几何模型的三维数据分解为二维数据,再由成形设备将二维数据叠加成形,其过程是一个分解与积合的过程,具体原理见第 1 章相关内容。

Reeve 和 C. J. Luis. Perez 通过对光固化成型机理进行研究,推导出表面粗糙度(R_a)的计算公式,分析成型过程中各参数对表面粗糙度的影响,从而对成型过程中的各参数如分层厚度等进行控制,得出最优的表面质量。国内也有西安交通大学赵万华和华中科技大学邹建峰做了相关的研究。

但在实际制造中由于加工时间、材料性能和制造工艺等因素的影响,不可能厚度无限小,现在的成型工艺中,层厚最小也在 0.025 mm,因此,用单元实体近似表达光滑曲面是分层制造的基本特点,这一特点决定了分层中不可避免地存在几何失真,且这种几何失真与分层制造的方法、工艺、设备无关,纯粹是由数学上的近似处理产生的。而几何失真降低了制件的成型精度。

另外,一些微细特征(如尖点)在分层处理时可能会在两个层面之间导致特征丢失,还有平坦区域的特征改变等。

5.3.4　台阶效应

由于增材制造技术的成型原理是叠加成型,因此不可避免地会产生台阶效应。这是由叠加成型的制造方法决定的,当模型表面与零件的制作方向有一定的角度时,就会产生台阶效应,如图 5-2 所示。零件的表面只是原 CAD 模型表面的一个阶梯近似(除水平和垂直面外),当零件表面为斜面或曲面时,倾斜角 α 越小,台阶效应的影响就越明显。这不仅破坏了零件表面的连续性和光洁程度,而且也不可避免地丢失了两切片层间的信息,从而导致零件产生形状和尺寸上的误差。

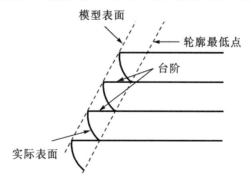

图 5-2　快速成型表面的台阶效应

当用分层厚度块与 CAD 模型相交的较大截面作为分层截面时产生正偏差。反之,使用较小截面时则产生负偏差。

如果只是制造样件以检查概念设计或进行功能键验证,希望出现正偏差,因为通过打磨抛光等后处理过程可以获得较理想的表面尺寸及形状。

当借用增材制造的样件作为母模用于翻模前,应当对样件表面进行打磨等后处理以减弱或消除台阶,否则样件表面的台阶将直接复制到产品表面,导致最终产品表面质量和精度难以达到质量要求。因此,通过后处理方法来提高 SL 原型表面质量和精度是非常必要的。

此时我们则希望样件出现负偏差,因为用样件作母模得出的反型将产生正偏差,这时通过打磨抛光可获得较好的零件表面尺寸及形状。

5.4　零件表面处理技术分类

1. 按处理方式分类

去除后处理和涂覆后处理两大类。

2. 按处理目的分类

①表面光洁后处理,包括打磨、抛光等;

②表面着色后处理,有单色、套色等;

③表面修复后处理,当首版表面有气孔等缺陷时采取相应材料修补;

④表面装饰后处理,首版描绘等措施;

⑤表面镶嵌后处理,必要时可镶嵌其它材料的部件;

⑥表面强化后处理,采用电化学镀膜复合强化工艺加强表面强度,或采用填加背衬、内嵌金属强化部件等方法加强整体结构强度;

⑦特殊要求后处理,按客户要求进行的面处理。

3. 按处理工艺分类

①手工后处理,手工打磨就是利用锐利、坚硬的材料,磨削较软的首版材料表面,使首版达到技术指标。

②基于设备后处理,借助于机器设备、专业机械打磨工具,达到对零件表面进行改善的目的。

5.5　零件表面后处理工艺

一般来说,如果没有特殊要求,那么经过专业的后处理工艺首版就可达到设计标准。如果对首版零件有延伸其功能性要求,那么专业的后处理人员就必须掌握常用零件表面后处理方式。

常用的零件表面后处理方式包括打磨工艺、涂覆工艺、喷漆工艺,这些在后文将详细介绍。

这些工艺在首版零件表面面处理时可以单独出现,也可能叠加复合出现。在零件表面后处理时,处理零件的工艺是按技术要求定制的,所以零件在既定的工艺安排下,以最短的时间、最精确的尺寸、最精美的外观、最佳手感,实现最佳理念、最佳创意,在经过后处理工艺后以最完美的姿态出现,这就是快速制造零件表面后处理的理念和目的。

其它表面后处理工艺介绍如下。

1. 喷砂

喷砂是采用压缩空气为动力,形成高速喷射束将喷料(石英砂)高速喷射到需要处理的工件表面,以磨料对工件表面的冲击和切削作用,使工件的表面获得一定的清洁度和不同的粗糙度。

在首版后处理中选用喷砂工序,可清理零件表面的微小毛刺,使零件表面更加平整。喷砂还能在零件表面交界处打出很小的圆角,使零件显得更加美观、精密。喷砂还可随意实现不同程度的反光或亚光。

喷砂机接入的气源应该是纯净气体,或者是净化气体,防止气体含有的水、油等污物污染沙粒给后期工作带来不便。

砂号的选择可以在80—240目之间选择。以白刚玉、白色石英砂为主。其它颜色的石英砂也可以,但对原型件的外观有视觉上的拒绝,原因就是对原型件本体的颜色污染。

喷砂机经过一段时间的工作后,应该及时清理过滤器的脏污。

经过一段时间的工作后,因石英砂切削力的降低,导致能效比降低,请及时更换石英砂。

喷砂机排气出口要注意防止环境污染,必要时请加装二级过滤器。

操作喷砂机时,注意个人防护用品到位,以防职业病侵害。

2. 喷塑

静电喷塑是利用电晕放电现象使粉末涂料吸附在工件上的。其过程如下:涂料粉末由供粉系统借压缩空气送入喷枪,在喷枪前端加有高压静电发生器产生的高压,由于电晕放电,在其附近产生密集的电荷,粉末由枪嘴喷出时,形成带电涂料粒子,它受静电力的作用,被吸到与其极性相反的工件上;随着喷上的粉末增多,电荷积聚也增多,当达到一定厚度时,由于产生静电排斥作用,粉末便不继续吸附,整个工件获得一定厚度的粉末涂层;然后经过热使粉末熔融、流平、固化,即在工件表面形成坚硬的涂膜。

　　静电喷粉的优缺点:不需稀料,无毒害,不污染环境,涂层质量好,附着力和机械强度非常高,耐腐蚀,固化时间短,不用底漆,工人技术要求低,粉回收使用率高;涂层很厚,表面效果有波纹、不平滑,只能加工半哑光、亮光这两种外观效果。

3. 印刷(丝网印刷、移印、烫金、银)

　　丝网印版的部分网孔能够透过油墨,漏印至承印物上;印版上其余部分的网孔堵死,不能透过油墨,在承印物上形成空白。印刷时在丝网印版的一端倒入油墨,油墨在无外力的作用下不会自行通过网孔漏在承印物上,当用刮墨板以一定的倾斜角度及压力刮动油墨,油墨通过网版转移到网版下的承印物上,从而实现图像复制(印刷出来的图案是凸起来的)。

　　丝印的优点:

　　①成本低、见效快;

　　②适应不规则承印物表面的印刷;

　　③附着力强、着墨性好;

　　④墨层厚实、立体感强;

　　⑤印刷对象材料广泛,印刷幅面大。

　　移印(曲面印刷):指用一块柔性橡胶,将需要印刷的文字、图案,印刷至含有曲面或略为凹凸面的塑料成型品的表面。移印是先将油墨放入雕刻有文字或图案凹版内,随后将文字或图案复印到橡胶上,再利用橡胶将文字或图案转印至塑料成型品表面,最后通过热处理或紫外线光照射等方法使油墨固化。

4. 电镀、真空镀、刷镀

　　电镀是利用电极通过电流,使金属附着于物体表面,其目的是改变物体表面的特性或尺寸。电镀一般分为湿法电镀和干法电镀两种。湿法就是平常所说的水镀,干法就是平常说的真空镀。水镀是把镀层金属通过电极法,产生离子置换附着到镀件表面;而真空镀是利用高压、大电流,使镀层金属在真空的环境下,瞬间气化成离子再蒸镀到镀件表面。水镀附着力好,后期不需要其它处理;真空镀附着力较差,一般需要在表面做 PU 或者 UV。PC 不可以电镀,复模件不可以水镀,只可以真空镀。水电镀颜色较单调,常见的水镀有镀铬、镍、金等,而真空电镀可以解决七彩色的问题。工件的表面必须用 1500—2000 目砂纸打磨,然后抛光才可以进行水镀,因此水镀的工件一般都非常昂贵。真空镀在镀件前对打磨的要求可以稍微差点,用 800—1000 目的砂纸即可,因此真空镀也相对比较便宜。

5. 金属表面氧化、钝化、表面发黑、表面磷化

　　金属的氧化处理是金属表面与氧或氧化剂作用而形成保护性的氧化膜,防止金属腐蚀。氧化分为化学氧化和电化学氧化(即阳极氧化)。

①化学氧化所产生的氧化膜较薄,厚度约为 0.3—4 μm,多孔,有良好的吸附能力,质软不耐磨,导电性能好,适用于有屏蔽要求的场合,可着上各种各样的颜色,在其表面再涂漆,可有效地提高制品的耐蚀性和装饰性。

②阳极氧化所产生的氧化膜较厚,厚度一般在 5—20 μm,硬质阳极氧化膜厚度可达 60—2500 μm,硬度高,耐磨性能好,化学稳定性好,耐腐蚀性能好,吸附能力好,有很好的绝缘性能,绝热抗热性能强,可着上各种各样的颜色。例如铝和铝合金经氧化处理,特别是阳极氧化处理后,其表面形成的氧化膜具有良好的防护、装饰等特性,因此,被广泛应用于航空、电气、电子、机械制造和轻工业等方面(只可以在铝或者铝合金上面氧化,一般铝合金都用进口 6160 进行氧化工艺)。

③在一定条件下,当金属的电位由于外加阳极电流或局部阳极电流而移向正方向时,原来活泼溶解的金属表面状态会发生突变。金属的溶解速度则急速下降。这种表面状态的突变过程叫做钝化。钝化可以提高金属材料的耐蚀性能,促使金属材料在使用环境中钝化,提高金属的机械强度,是腐蚀控制的最有效途径之一,钝化增强了金属与涂膜的附着力。

④表面发黑处理,也有被称之为发蓝。发黑处理现在常用的方法有传统的碱性加温发黑和出现较晚的常温发黑两种。发黑所得保护膜呈黑色,提高了金属表面的耐蚀能力和机械强度,并且还可以作为涂料的良好底层(不锈钢不可以发黑处理,铁的发黑效果最佳)。

⑤表面磷化就是用锰、锌、铁等金属的正磷酸盐溶液处理金属表面,使其生成一层不溶性磷酸盐保护膜的过程。磷化处理后生成的保护膜可以提高金属的绝缘性和抗腐蚀性,提高工件的防护和装饰性能,并且还可以作为涂料的良好底层。金属表面磷化处理方法分为冷磷化(常温磷化)、热磷化、喷淋磷化以及电化学磷化等几种。磷化处理在汽车工业中是对汽车覆盖件、驾驶室、车箱板等涂漆零件的涂前处理的主要方法,要求磷化膜细密、平滑、均匀、厚度适中并且具有一定耐热性。

6. 拉丝、高光、旋纹、擦光面、批花、咬花处理

拉丝处理是通过研磨产品在工件表面形成线纹,起到装饰效果的一种表面处理手段。拉丝能够很好的体现金属材料的质感,可使金属表面获得非镜面般金属光泽。根据表面效果不同可分为直丝(发丝纹)和乱丝(雪花纹)。根据拉丝效果的要求、不同的工件表面的大小和形状选择不同,拉丝分为手工拉丝和机械拉丝两种方式。丝纹类型的好差具有很大的主观性。每个用户对表面线纹的要求不同,对线纹效果的喜好不同,因此必须要有拉丝的样板才能加工出用户喜欢满意的效果。圆弧(弧面和直面交接处,拉丝不均匀)及漆面(金属颜色表面可拉细小的丝纹)均不宜拉丝。

以上仅仅是一部分面处理的技术和专业工艺,还有一些特殊要求以便延伸首

版的功能性,如:

　　①表面封蜡、保护膜面、局部复合面后处理;

　　②高压嵌入、挤压、雕刻机堆塑浮雕工艺;

　　③车、铣、钻等辅助工艺;

　　④复合粘接工艺等。

5.6　成型件后处理所使用的专业工具和专业设备

5.6.1　专业工具

　　电脑一台,用于后处理前对零件的全面了解和掌握细节、几何尺寸、配合面等;各类型刀;齿科用打磨机;工业打磨机(配各类旋转锉);中细什锦锉;各种直径麻花钻等(见图 5 - 3—图 5 - 11)。

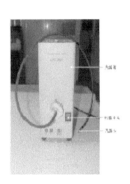
图 5 - 3　紫外线修补仪

图 5 - 4　水幕机

图 5 - 5　干式喷砂机

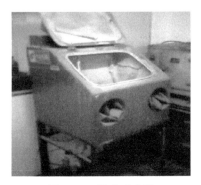
图 5 - 6　湿式喷砂机

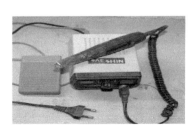
图 5 - 7　精细打磨机

图 5-8　工业打磨机

图 5-9　各个型号钻头

图 5-10　美工刀

图 5-11　什锦锉

5.6.2　耗材

后处理中需用到的耗材包括水砂纸,抛光打磨头,抛光剂,抛光沙等(见图
5-12,图 5-13)。

图 5-12　抛光剂

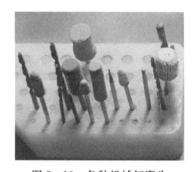

图 5-13　各种机械打磨头

5.6.3　量具

量具主要在后处理阶段中起到辅助检测和监测作用。后处理中主要用到的量
具分别是:

(1)深度尺(见图 5-14)——测量带有一个基准平面的深度数据(盲孔),一般

精度为 0.01 mm 和 0.50 mm;

(2)游标卡尺(见图 5-15)——测量长度、内外径、深度,精度为 0.02;

(3)钢板尺(见图 5-16)——用于测量粗略直线长度;

(4)塞 尺(见图 5-17)——测量零件间隙;

(5)百分表(见图 5-18)——测量平面度、圆度误差;

(6)半径规(见图 5-19)——测量内外圆半径、圆弧半径;

(7)高度尺(见图 5-20)——测量高度、形状和位置公差尺寸、有时也用于划线;

(8)划线平台(见图 5-21)——为划线提供标准平面,检测零件的尺寸精度和形位公差。

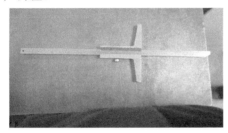

图 5-14 深度尺

图 5-15 游标卡

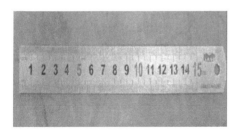

图 5-16 15 cm 钢板尺

图 5-17 塞尺

图 5-18 百分表

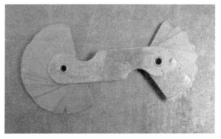

图 5-19 半径规

图 5-20　高度尺

图 5-21　划线平台

5.7　小结

1. 原型件后处理的工艺

(1)工艺法一:一般原型件后处理的工艺路线为:成型件清洗→去支撑→表面处理打磨→喷砂→喷漆→补缺→打磨→质量检验→包装→交付。但在实际的工作程序里含有随机性的调整,比如:可以在清洗之后先进行修补漏面,修补坏角、边,加厚,拼接等工作,然后再开始型刀的切削工艺流程。

(2)工艺调整法二:当遇见薄壁零件时,由于制作工艺的约束,零件的留固成分降低,使得零件硬度过低,零件易变型,这时需在后处理工艺中加入一道后固化工艺(见图5-22)。薄壁件后处理工艺路线:成型件清洗→去支撑→后固化→表面处理打磨→喷砂→喷漆→补缺 →打磨→质量检验→包装→交付。

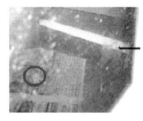

　　　　　　　　　　　　　—— 紫外灯

图 5-22　后固化处理

(3)工艺调整法三:当原型件技术要求其外观具备仿真性要求时,其工艺可编为:清洗→表面处理打磨→干燥→补缺→喷第一次底灰→打磨→干燥→补缺→喷第二次底灰→打磨→干燥→第一次表层漆→修磨→第二次面漆→干燥→验收→包装→入库。

　　在以上工艺加工过程中,喷第一次底灰前的工作还包含了铲除支撑、拼接、零件配合等预备性工作,在喷第一次底灰后,解决了视差问题,使原型件的不足在底灰的反差下充分暴露,便于修磨并加快后处理工作。

　　在后处理中应防止过切削和及时回补,预防零件意外的磕、碰、摔、掉、掰、拔、扭、撬、敲等发生。对于某些特殊零件,有必要加装工艺性工装,方可进行去除后处理。

　　为了提高后处理效率,在后处理时应了解各种机械工具提供的助力,熟悉并掌握各种工具的交替使用,在处理零件时灵活应用工具的互换性和组合性能。特别是在后处理过程中要求对型刀熟练掌握,熟悉型刀性能、应用场合、组合型刀的功效,并且能熟练地磨制型刀,以满足不同型面的应用。

　　灵活掌握后处理工艺,针对不同零件的技术要求,合理编排后处理工艺,以期零件达到后期应用效果。

　　对于 3D 打印和激光粉末烧结快速成型零件的后处理,可以参考本章部分工艺。3D 打印和激光粉末烧结快速零件在制作完毕后,在零件剥离托盘时要注意铲出时的力度、切入角、控制拿捏零件的力度,清理时要注意保留细节、特征,对照电脑图进行清理。清理时同时要注意控制粉尘,及时抽去粉末。清理工具的选择和使用也需要根据具体的需要及时更换,以免破坏某些细节。3D 打印和激光粉末烧结快速零件在清理多余料渣后方可进行零件表面增强的强化处理,表面强度增强处理有:浸渗处理;刷涂渗透;滴渗;针管注入等手段。

　　增强材料的选择可根据后期用途、技术要求进行控制性作业。增强用的渗透剂一般由厂家提供,也可以根据成型材料的特点、应用范围自己配制,渗透剂的技术要求有:流动黏度好、浸入性强、留固质高,可操作时间在 30 分钟至 60 分钟之间,收缩率较小、比重轻、固化时间短、耐温、耐湿、抗击冲击力提高等。例如:502、单质固化丙烯酸、蜡等。

　　CNC、机加工、雕刻机的零件后处理,可参考本章节。

　　由快速模具制作出的快速零件后处理,本章节内容完全适用。

　　对于其它方式成型的快速制件如:FDM、SLS、LOM、光掩膜法、弹道微粒制造、数码累积成型、三维喷涂粘接工艺、电铸、金属三维打印、气相沉积镍壳-背衬模制造工艺等方法制备的零件,其后处理工艺也可参考本章节的工艺或直接采纳这里介绍的成熟工艺。

　　上文所介绍的工艺也适用对于模具、砂型、终极产品等的外观后处理。该工艺与其它工艺,如金属镶嵌、软胶配合、电镀、表面涂覆、表面工艺拉丝、丝印、多质符合体、激光刻蚀等工艺结合,以其生产满足用户需求的理想模型。

2. 修磨前后对比案例

(1)R&T 零件出模和处理后的对比(见图 5-23)。

图 5 - 23　R&T 零件修磨前后对比

(2)CNC 处理前、抛光后效果(见图 5 - 24)。

图 5 - 24　CNC 修磨前后对比

(3)R&P 光敏树脂零件处理前后对比(见图 5 - 25)。

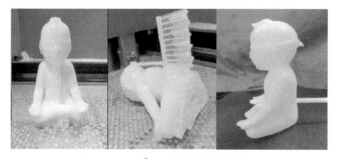

图 5 - 25　R&P 零件修磨前后对比

(4)选区金属烧结处理前后对比(见图 5 - 26)。

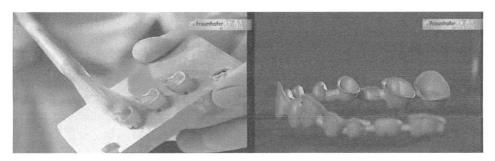

图 5 - 26　选区金属烧结件修磨前后对比

(5)粉末烧结型壳处理前一后对比(见图 5 - 27)。

图 5 - 27　粉末烧结壳修磨前后对比

(6)CNC 后处理效果(见图 5 - 28)。

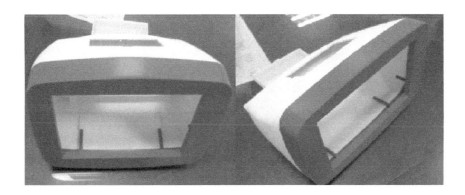

图 5 - 28　CNC 后处理效果

(7)R&T 自调色首版终极效果作品(见图 5 - 29)。

图 5 - 29 R&T 首版处理前后对比

(8)R&T 喷漆效果(见图 5 - 30)。

图 5 - 30 R&T 件喷漆效果

(9)R&T 电镀效果(见图 5 - 31)。

图 5 - 31 R&T 件电镀效果

(10)R&T 亚克力快速零件套色效果(见图 5 - 32)。

图 5 - 32　R&T 件套色效果

练习题

1. 如何获得首版?
2. 制取首版材料分几类?
3. 后处理的定义?
4. 零件表面后处理包含哪些内容?
5. 原型件后处理工艺有几种?

第6章 打磨后处理

在任何一种高速机制加工下诞生的零件,其本身或多或少带有加工产生的痕迹——毛刺、阶梯效应、波浪纹等。所以要对零件进行表面打磨整形,清洁零件表面上的成型加工痕迹、缺陷,从而提高零件表面平整度,降低粗糙度,使零件表面平滑、光洁、凸显细节,达到设计时的技术指标。本章主要介绍零件表面后处理中的手工后处理部分,即手工打磨。

手工打磨就是利用锐利、坚硬的材料,磨削较软的首版材料表面,使首版达到技术指标。手工打磨是最原始、最有效的控制技术指标的工艺。其工艺编制简单,运用灵活,行之有效,在出现问题,或者预见问题时,可随时调整工艺,其性价比和效率极高,当然,这需要理论和实践经验丰富的结合才能达到。打磨在首版制作中是一项非常重要的工作,它起着承上启下的作用。

在快速制造行业里,制作首版的材料具备多样性,针对首版材料的打磨方法有干磨、水磨、油磨、蜡磨等。打磨根据精细程度又分粗磨、平磨、细磨、抛光。其中粗磨一般是在前处理时用来去除首版支撑、毛边、伤痕、咬迹、层叠、脏污、浮泡;而平磨通常是用包裹了小木块或硬橡皮的砂纸对大平面进行打磨,这样找平效果较好;细磨则一般用于刮腻子、上封闭漆、拼色和补色之后的各道中层处理中,砂磨时要求仔细认真;抛光是用水砂纸蘸清水(或肥皂水)打磨。

6.1 准备工作

手工打磨前需要做三部分准备工作:
①工作场合的准备工作;
②首版零件准备工作;
③操作者准备工作。
打磨工在上岗操作前,必须经过培训,合格后,才能上岗操作。

6.1.1 工作场合的准备工作

(1)良好的自然光照,便于观察色度;
(2)良好的通风、换气保障,除尘设备正常;
(3)干净的工作台;

（4）正常的工作灯源；

（5）工具准备齐全；

（6）个人保护设施得当。

6.1.2　首版零件准备工作

首版零件准备工作就是针对问题，制定首版后处理工艺。即要针对首版的缺陷进行先期处理，比如补点状洼陷、面局部丢失等，才能进行下一步的打磨后处理工艺。如图 6－1 所示，用腻子补缺陷的正确施工方式。

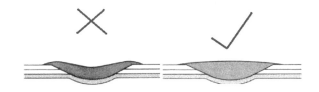

图 6－1　腻子施工方式

（1）首版零件缺陷常见的问题：

①针孔、气孔；

②毛刺、飞边；

③磕碰、划伤；

④崩角、塌角；

⑤砂眼、裂纹；

⑥磨损、内陷、鼓包；

⑦制造错误、制造缺陷、联接缺陷。

（2）首版零件易产生缺陷的部位：

①尖角、锐边；

②沟槽、侧壁；

③底部、深腔；

④平面、分型。

6.1.3　操作者准备工作

操作者在经过实际操作培训后，应熟悉首版后处理中主要工艺的工作原理，所用工具的使用方法，掌握一般的后处理工艺。

认真熟悉技术要求，制定相关的打磨工艺。

工作前认真检查来件外表面是否有磕碰、麻点、凹坑,其缺陷深度是否通过打磨的方法可以去除,发现问题及时记录,以便在编制打磨工艺时,提醒加强点的处理力度。

正确选择砂纸或砂条,正确选用机用百叶片的种类和抛光轮的目数。

按零件处理量,准备好足够砂纸和其它后处理所需的工具、耗材。

工作前应保证打磨设备处于良好状态,周围无障碍物,周围无易燃烧物,检查后再开机。

检查电源线有无破损,试运行。

在打磨过程中要轻拿、轻放,避免零件表面的划伤、磕碰、滑落。

相关的检验、检查工具一一具应。

6.2　手工打磨类型

6.2.1　干打磨

干打磨定义:指在不利用各种磨削液下进行的一种打磨工艺。

1. 打磨注意要点

(1)区分零件材料。

(2)确认零件材料硬度。

(3)确认零件生成法。

(4)确定打磨工艺。

(5)确定打磨用材。

2. 检验工具

检验工具是为了在打磨期间有效地控制零件的质量,防止零件产生不可逆的残次。

(1)电脑

需要操作者心细,读懂图纸和技术要求,特别要注意区分细节,比如:支撑和零件的区分。

(2)量具

勤用量具。常用量具有:游标卡尺、深度尺、直尺、角尺、高度尺等。

6.2.2　湿打磨

湿打磨可以借助各种冷却液带走削磨残渣,以保证打磨效果及零件清洁。

湿打磨与干打磨主要区别如下：

(1)湿打磨在工艺程序上与干打磨工艺基本一致；

(2)湿打磨在磨削材料上使用耐水性材料，比如水砂纸等；

(3)湿打磨有效地控制了粉尘，保持了零件的清洁；

(4)湿打磨提高了磨削效率，由于磨削液带走了物屑，使得磨削更加顺利；

(5)湿打磨节约打磨耗材；

(6)湿打磨时由于零件表面被水包裹，水同时遮盖了零件表面粗糙度场的分布，所以在打磨到一定量的时候，需要吹干零件，省视工件的细节，加大了功耗；

(7)湿打磨过程中，应该拒绝电器助力部分参与，以防漏电危害人身。

(8)在执行湿打磨工艺时，一定要戴好胶手套，戴好防尘镜，尽量减少裸露皮肤。

(9)适当的准备一般紧急处理药品，如碘伏、药棉、纱布、眼药水，清洗眼睛用的盐水和水枪，并根据实际需求配备和更新。

6.2.3 常用打磨材料

常用的打磨材料如下(如图 6-2 所示)：

(1)砂纸；

(2)砂条；

(3)砂轮；

(4)研磨膏；

(5)研磨沙；

(6)抛光百叶轮；

(7)粗、细什锦锉；

(8)型刀；

(9)研磨平台。

打磨用砂条　　　　　　砂纸　　　　　　研磨平台

图 6-2　常用打磨材料

打磨用砂纸分:水砂纸、木砂纸、砂布、金相砂纸、专业砂纸等。这里主要介绍水砂纸,简称:砂纸。

砂纸的型号越大越细,越小越粗。一般为 30 号(或 30 目),60 号(60 目),120 号,180 号,240 号等。号(或目)是指磨料的粗细即每平方英寸的磨料数量,号越高,磨料越细,数量越多(目数的含义是在 1 平方英寸的面积上筛网的孔数,也就是目数越高,筛孔越多,磨料就越细)。如每平方英寸面积上有 256 个眼,每一个眼就叫一目。目数越大,眼就越小。粗的砂纸为:120♯;240♯;360♯;常用砂纸的为:360♯—2000♯;精细打磨的砂纸为:800♯—2000♯—3000♯。

砂纸表面所覆砂型材料,一般有天然磨料和人造磨料两大类。磨料的范围很广,从较软的民用去垢剂、宝石磨料到最硬的材料金刚石都有。

①天然磨料有:天然刚玉、石英砂、滑石、矽石、长石、金刚石、黑矽石和白垩等;

②人造磨料有:碳化矽、氧化铝、立方碳化硼、玻璃砂、硅酸盐等,硬度由莫氏 5—10 材质都有;

③砂条、砂轮都是成型工具,粒度和外形大小比较俱全,可供挑选使用的范围比较大。

研磨平台用于对平面的检验和研磨。一般可购买浮法玻璃,厚度在 12 mm。用浮法玻璃替代传统的检验平台,管理简单,费用低,其平面度足够满足首版行业的检测标准,并且可随时更新,以满足技术要求。

6.3 打磨工艺

打磨工艺,一般是由粗打磨—中打磨—精细打磨—抛光四大部分组成。每一个部分都有不同的工艺要求和目的。

6.3.1 粗打磨

打磨工艺一般遵循由粗到细的过程。

根据打磨的技术要求选择不同粒度的砂纸、磨料,应先大后小,先粗后细。

初始工作时可以使用锉刀、电动工具做大型局部修整。

在确定了零件硬度以后,选用首次砂纸型号进行试打磨,如果初次试打痕迹深度超过 0.02 mm,换用更高标号砂纸(如:第一次用 200♯砂纸,不合适后应选用 360♯砂纸)。

零件材料软,砂纸型号大。

零件表面粗糙度大,选用牌号小的砂纸。

零件表面黏度大的,选用牌号小的大粒砂纸,以便排削。

零件硬度高,选用硬度高、颗粒大的砂纸。

当遇见被磨物体的形状复杂多变时,应该灵活选用不同形状的靠板或磨具。不管是手持还是工具夹持,都要特别注意零件的变形量。

6.3.2　中间打磨

中间打磨主要是对零件整体粗糙度的调整,加强局部要点的突出,针对性较强。600♯—800♯一般为中间选用的砂纸型号。

6.3.3　精细打磨

在此工艺环节中要注意:
(1)控制零件整体的几何尺寸、平面、直角;
(2)统一表面光洁度;
(3)对特征、细节做到精准、精确;
(4)注意配合面的调节;
(5)注意零件变形;
(6)各种量具的熟练使用。
在最后的精细打磨阶段,随时随地要做到:
①勤量尺寸;
②勤配合零件;
③勤查粗糙度、漏点、面;
④勤看总体效果;
⑤勤清洗零件,保持零件的洁净度;
⑥保持双手干净;
⑦保持工作台面干净;
⑧保持打磨液和容器干净;
⑨保持工作服干净。
干式打磨特别要注意控制粉尘,首版行业所使用的材料几乎涵盖现在所有的材料,请在安全保护好自己的同时,保护好环境。

6.3.4　抛光

抛光指利用柔性抛光工具和磨料颗粒或其它抛光介质对工件表面进行的修饰加工。一般对表面光洁程度要求较高时进行。

抛光不能提高工件的尺寸精度或几何形状精度,而是以得到光滑表面或镜面光泽为目的,有时也用以消除光泽(消光)。抛光通常以抛光轮作为抛光工具。抛光轮一般用多层帆布、毛毡或皮革叠制而成,两侧用金属圆板夹紧,其轮缘涂敷由微粉磨料和油脂等均匀混合而成的抛光剂。在使用砂纸时,应先用略粗的砂纸,而后循序渐近,逐渐用更细的砂纸。应用平整的油石或其它材质压着砂纸放平使用,保证被抛光表面平整。抛光方向不能一个方向直线抛下去,一般应以画圆的方式,从边上一点开始,慢慢的向里抛,速度一定要慢,画圆的直径越小越好,排列要紧密均匀,要勤换砂纸,防止砂纸磨透后,油石划伤表面,要有耐心。必要时,砂纸用到2000目,用毡片加抛光膏可以抛成镜面。

抛光使用的耗材有抛光膏、抛光砂、抛光轮等。抛光使用的材料硬度不易过高,以免成本过高造成浪费。抛光使用的压力小于精细打磨,精细打磨压力要小于中间打磨,中间打磨压力要小于粗打磨。采用机械抛光时,应选用1500目左右的氧化铝抛光布轮。在抛光前,用细粒度(1000目左右)的氧化铝磨头或碳化硅橡皮轮对零件进行抛光前精磨。在抛光时注意对温度的控制,温度过热会造成树脂零件局部焦灼、变色、咬口、起层等表面损伤,造成零件报废,所以要控制好压力和磨擦产生的热量。

通过以上工艺后,由执行者自检,再由打磨部负责人检查,检验合格后,根据零件材料要求不同,选取不同的保护性包装入库。

6.4 机械、刀具辅助打磨

在处理尺寸边长200 mm以上的零件时,由纯手工进行打磨就显得有点效率降低。用手持式高速打磨机(见图5-7)可以帮助提高效率,实践证明,机械打磨的工效是手工的2—3倍。

在零件的粗、中打磨阶段,可利用机械设备来提高功效,但:要控制磨削压力及磨削深度,有效地控制整体粗糙度分布场,选用合适的磨料粒度,采用机械+手工的结合,在零件抛光终了时,交出最佳合格产品。

合理地使用刀具(见图6-3)可以在细节上表现零件的精巧之处,比如对字、纹路、清根等地方的处理,用刀具有着极大的优势。

图6-3 手工刀具

收尾工作：

(1)利用保护膜、气垫膜、泡泡膜等软性材料对零件进行表面保护性包裹；

(2)操作工首先履行相关自检查手续,首版零件合格后方可转到下一道工序,在转交工序过程中要避免零件表面碰伤、滑落；

(3)关闭设备,切断电源,整理清扫工作场地,清理设备、工具。

6.5　安全

保持清新的空气,减少粉尘对人体的侵害。在利用手持式高速打磨机进行工作时,个人需要穿戴好防护用品,

注意排尘、排屑、排杂质,要戴好防尘镜,防化口罩。

安装有效的除尘设备,以免排出的有害粉尘对环境造成污染。

定时对工作场合进行彻底的扫除,水洗地板,用吸尘器对高处进行清理等。

6.6　小结

首版干打磨工艺和湿打磨工艺各有其优势。两种工艺方式不存在相互替代,只是在处理不同材质的零件时,选用不同的后处理工艺方式。

对于金属零件采用干打磨工艺,因金属部分与水接触后,容易生锈、氧化,特别是在喷涂遮掩后,底部的腐蚀引发表面的鼓包、裂纹、锈斑等弊病。在同等条件下,湿打磨工艺在控制粉尘、提高工效上略胜一筹,但会有水的污染、浪费等问题。另外在零件检查时,需要大量压缩空气吹干零件,这样无疑就增加了成本。从整体后处理工艺和环保、安全生产第一的角度考虑,首推湿性打磨后处理。

一般的首版后处理各项工艺所占时间量比如下：

①R&P 首版基材打磨时间一般占 40%—50%；

②底材打磨,原子灰粗、细打磨,中涂、底漆打磨等工序约占用了 30% 时间；

③喷漆前清洁、烘干,喷涂底漆、底色漆、面漆等工序约占用了 18% 时间；

④抛光前的精打磨、粗抛光、中抛光、细抛光、精抛光约占用了 12% 时间。

R&P 零件手工后处理约在 2—3.5 天左右。

在首版后处理时,还要施加合适的握持力,以防止首版的变形。

练习题

1. 打磨前有哪些准备工作？
2. 有几种打磨类型？
3. 打磨所需材料有哪些？
4. 打磨安全指什么？

第7章　涂覆工艺

7.1　简介

7.1.1　涂覆工艺的重要性

层叠机理在第5章中已介绍过。在此需要强调一点,注意零件的制作方法,是用补偿法还是无补偿法。如图7-1所示是用补偿法制作零件的理论叠加分析图。

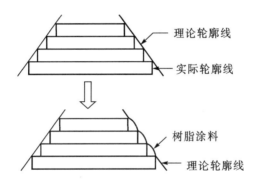

图7-1　补偿法制作分析图

用去除法获得零件的表面质量,但是去除法同时会带来由机加工引起的尺寸精度误差。这种方法不一定适用于内、外腔形复杂的零件表面,特别是具有复杂内型腔的内表面。同时在后处理过程中还存在打磨预留量、喷漆预留量等问题。

由于上述问题带来的制约,在后处理工艺制备里又包含了涂覆工艺。改善快速成型件内外表面质量的必要性如下(见图7-2,图7-3)。

(1)美观性——用丰富的色彩层表现设计理念。比如样品、首版、报样、工艺品、投标件、有较高的表面质量要求的零件等。

(2)实用性——改善表层强度、韧性、耐温等性能。

(3)精确性——可以保留特征和局部要求。

(4)母件——作为小批量生产的母件,需要高质量的尺寸精度和表面美观性。如图7-4所示母件。

图 7-2　建筑模型之一

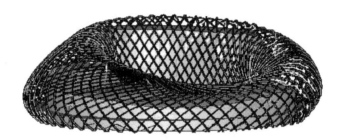

图 7-3　建筑模型之二

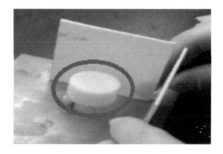

图 7-4　瓶盖母件

（5）补残缺——对零件有后期修补性。

（6）对原型件有加固耐用功效。

（7）增加原型件使用寿命。

经理论推导和实验证明，使用涂覆工艺作为零件后处理的一种方法，适用于大多数各种形状的复杂零件，该方法可在一定程度上减小台阶效应影响，提高零件表面质量,且不会明显影响零件细节特征和尺寸。

涂覆工艺因其操作工艺的复杂性,需要配备经验丰富、技艺熟练的高级专业技术人员。涂覆工艺同时也存在清洗麻烦、人为因素、环境因素等影响产品质量。

喷涂工艺本身可以较大程度地改变成型件的表面质量,降低零件表面因为固化层叠效应产生的粗糙度。在喷涂过程中,影响喷涂效果的因素主要有黏度和固化条件。黏度影响操作难度、雾化粒度、平流程度、表面侵蚀性等指标;而固化条件则关系到操作时间,涂覆膜厚度、强度、留固率等。此外还有树脂体系本身的性能因素,包括其与涂覆间的润湿效果,雾化时的饱和度,固化后的留固率、吸湿性等。

涂覆工艺本身并不太复杂,但因每次所针对的零件结构、技术要求、环境因素等不同,其具体操作工艺往往有较大不同,可能需要多次实验以确定最适合的涂覆工艺。

7.1.2　工艺流程

涂覆工艺主要有手工刷涂,喷涂,浸涂法。

1. 手工刷涂主要操作流程

手工刷涂,即人工用毛刷蘸取涂覆液涂刷于零件表面。工艺流程如下:

零件粗处理→洁净表面→紫外光固化→干燥→手工涂覆树脂→后固化箱热固化→后续处理→完成

在一次涂覆后未达标可重复上述工艺流程,也可自然固化,时间相对较长。

对于激光快速成型机加工的零件,在经过酒精低极性溶剂清洗后,表面润湿性会降低;加之清洗后零件表面洁净程度不一,在刷涂之前要对其进行预处理。清洗之后再进行紫外光照射使其充分固化。完成固化后的表面状况已经有很大程度的改观,然后再依照尺寸要求,进行简单修磨。

刷涂时要紧握刷柄,不使刷在手中任意松动。在刷涂过程中,刷柄应始终与被涂物表面处于垂直状态,用力要适度。以将约 1/2 长度的刷毛顺一个方向贴附在被涂物表面为佳,刷子运行时的用力与速度要均匀。

刷涂前应先将刷子蘸上涂覆液,使涂覆液浸满全刷毛的 1/2,而后在容器的边沿内侧轻拍一下,以便理顺刷毛,并去掉沾附过多的涂覆液。

刷涂通常可以按涂布、抹平、修复三个步骤进行。涂布是将漆刷刷毛所含的涂覆液涂布在被涂物表面,刷子运行轨迹可根据所用涂覆液在被涂物表面流平情况,保留一定的间隔,将所有保留的间隔面都覆盖上涂覆液,不使露底;修整是按一定方向刷涂均匀,消除刷痕与涂膜薄厚不均的现象。

手工刷涂后,应依据涂覆材料性能进行热固化或光固化,也可不使用后固化箱,进行自然固化,但固化时间会相对较长。涂覆层固化后,再清洗,依照尺寸要求进行简单打磨。

在一次涂覆后未达标可重复上述工艺流程进行多次涂覆。

手工刷涂的优点是工具简单,施工简便,易于掌握,灵活性强,适用性强,节省涂覆液;缺点是对于干性较快的和流平性较差的涂料,刷涂容易留下刷痕以及膜厚不均匀现象,影响涂覆的平整度和装饰效果。

2. 喷涂主要操作流程

喷涂,是通过喷枪或雾化器(见图7-5,图7-6),借助于压力或离心力,将涂覆材料分散成均匀而微细的雾滴,施涂于被涂物表面的涂装方法。其工艺流程如下:

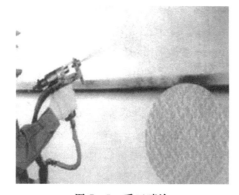

图7-5　手工喷涂

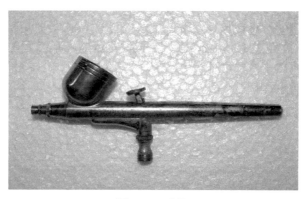

图7-6　喷枪

零件粗处理→洁净表面→紫外光固化→干燥→手工喷涂树脂→后固化箱热固化→后续处理→完成

3. 浸涂

浸涂即是将零件浸入装满涂料的容器,使零件表面充分浸润。

浸涂法需注意的几个方面:

(1)注意配方的精确性;

(2)混合的均匀性;

(3)沉积性;

(4)控制固化速率;

(5)用量。

浸涂法一般易产生涂层薄而不均匀、有流挂等弊病,被涂零件上、下部的漆膜具有厚度差异,尤其是在被涂零件的下边缘易出现肥厚积存,可以用刷子手工除掉多余积存的液滴,也可用离心力或静电引力设备除掉这些液滴。所以浸涂不适用于大型零件,一般只用于几克重的小型零件。

浸涂操作时应注意被涂零件的装挂方式,必要时应预先通过试浸来设计挂具及装挂方式,保证工件在浸涂时处于最佳位置。被涂物的最大平面应接近垂直,使涂装面上的余液能够流畅地流尽,尽量不产生兜液或“气包”现象。

涂覆液黏度较高时,涂覆膜的厚度主要决定于零件从涂覆液中提升的速率以及涂覆液的黏度。出槽慢有利于涂覆液的流平而使涂层均匀,涂覆液黏度高时,出槽更要慢。应试验确定合适的提升速率,按此速率均匀地提升被涂物件。提升速率快,漆膜薄;提升速率慢,漆膜厚且不均匀。

7.1.3　对工作场所的要求

1. 照明

宽敞明亮、接近自然光、有益身体健康的工作环境。

2. 防尘

(1) 从保护工作者的角度出发,必须提供安全和健康的工作场地;

(2)清新的环境有利于防止工件的二次污染。

3. 空滤

(1)空气滤清系统提供清新的低粉尘空气防止工件的污染;

(2)排除喷涂时产生的粉尘和挥发性气体。

4. 换气

换气系统要求对双向气流有过滤作用,防止双向污染。

5. 清理

整洁简练的喷漆房便于常规性的卫生清理,以防止环境对工作者和工件的污染。

6. 防火

由于喷涂房含有易燃挥发性稀释剂和溶剂挥发物,禁止明火、抽烟等危险性引爆、引燃操作。

7. 干燥

良好的环境和相对湿度便于提高结合面的结合强度。

8. 静电

工件带有静电容易吸附微小灰尘,也不利于附着涂料。

7.1.4 对零件的要求

(1)激光成型零件和R&T零件必须经过后处理工序(去支撑和无用物等)。

(2)R&P零件必须采用表面封闭处理;

(3)零件必须完整;

(4)零件本体必须洁净、干燥、无尘、无污渍、无油污、无粘连物、无手迹、汗印等。

7.2 涂覆原料

1. 选用原料的原则

(1)与生成快速零件的原材料技术要求相对应;

(2)和零件表面具有良好的结合性(润湿性好);

(3)易打磨;

(4)防水(不溶或难溶于水);

(5)良好的强度;

(6)无毒、低毒环保;

(7)固化速率快;

(8)缩胀率小;

(9)吸湿率小;

(10)价廉物美的高性价比提升零件的档次、降低成本;

(11)耐老化;

（12）固色率强。

双组份、多组份反应型涂覆材料（环氧树脂、聚氨酯、UV 等材料）是专门针对复杂型腔,后处理费时费工,难以平衡统一外观,又对零件外观有一定的技术要求而定制。其中对有尺寸精度要求的零件有一定的帮助。反应型涂覆材料型号繁多,功能不一,用户可以根据自己的技术指标需求配制,性能可参考上述要求。

UV 产品有水性和溶剂性类型,UV 产品的选择应该配合成型用的光敏树脂,最佳方式是实验后定向选择。

2. 使用原料原则

（1）涂覆原料可采用环氧类、聚氨酯类、PU、PE 等类型的高分子材料,采用不同的树脂,获得的性能不同。

（2）激光快速成型制作的零件单纯只为提高表面质量时,可选用零件本身的材料（光敏树脂）涂覆,也可以购买市场成熟的 UV 产品（UV 光固化胶水、UV 返工水、UV 光油、UV 面漆等）。

7.3　工艺设备

7.3.1　主要设备

涂覆工作必备设备有两个型号。

1. RGHX‑700（见图 7‑7）——双元反应或三元反应材料、环氧类、聚氨酯类

其工作原理是以加热原件为主,通过加热促使其表层固化速度加快。

图 7‑7　RGHX‑700 内外观

2. ZWGHX‑700——UV 光敏反应材料

ZWGHX‑700 外形与 RGHX‑700 外形类似。但其工作原理是以紫外线光源为主要工作负荷,通过控制时间和功率实现快速表层固化。

　　UV 材料分水性、丙烯类等，一般采用同型号光敏树脂。如需要选择其它型号的 UV 类树脂，应结合技术要求应用。在实际应用时，也可以先采用 UV 类，然后用环氧类。二者可以互换、叠加使用。

7.3.2　辅助设备和工具

　　(1)空气压缩机(见图 7-8)，提供干净高压空气源。

储气包——

——压缩机

图 7-8　空气压缩机

　　(2)工作台或旋转式工作台。

　　(3)300♯—2000♯各型砂纸。

　　(4)后固化恒温箱、光敏反应箱。

　　(5)手术刀。

　　(6)剪刀。

　　(7)酒精。

　　(8)丙酮。

　　(9)电子秤或天平。

　　(10)一次性口杯。

　　(11)搅拌工具。

　　(12)各型油画笔和毛笔。

　　(13)镊子等。

　　(14)专业除尘工作台(见图 7-9)：在对零件进行机械式干打磨时，需要及时清除粉尘，以免对人体造成伤害。

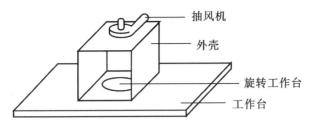

图 7 - 9　专业除尘工作台

(15)专业清洗台、超声波清洗机、振动清洗台等。

(16)水幕机滤尘设备。

随着工艺的调整和改善,会不时添置一些辅助工具。

7.3.3　有关设备的注意事项

涂覆涉及到的主要设备有空压机和固化箱。空压机主要实现树脂的雾化和为喷涂提供压力。在实际工作过程中发现,使用的压缩空气若存在混合油水现象,在使用喷枪进行喷涂时,喷出的雾化树脂含有部分油水蒸气,极大地影响了涂层质量,造成喷涂失效,使固化涂层形成气孔甚至润湿失效,出现空洞;严重影响涂层质量和零件的尺寸精度。这个问题可以通过设备检修或者改善作业环境来解决。

7.4　工作防护

(1)护目镜;

(2)防护帽;

(3)防毒、防尘口罩;

(4)防尘服;

(5)手套、鞋;

(6)空气滤清、换气;

(7)急救包:清洗眼睛用药、灼伤药;

(8)更洗浴室。

7.5　常见问题及解决方法

在涂覆过程中,影响涂覆效果的因素主要有涂覆材料黏度和固化条件。黏度影响操作难度、表面侵蚀性、喷涂雾化粒度、平流程度等指标;而固化条件则关系到操作时间、涂覆膜厚度、强度、留固率等。零件本身材料的性能,包括其与涂覆层间的润湿效果,雾化时的饱和度,固化后的留固率、吸湿性等也影响涂覆效果。常见问题及解决方法如下。

1. 现象:起粒

原因:作业现场不洁,灰尘混入涂覆液中;涂覆液调配好后放置太久,产生微粒结晶;喷枪出油漆量太小,气压太大,令油漆雾化不良或喷枪离物面太近。

解决方法:清洁喷漆室,盖好油漆桶;油漆调配好,不宜放太久;调整喷枪,以使其处于最佳工作状态。

2. 现象:垂流

原因:涂覆液黏度太低;喷液量太大,距物面太近或喷枪运行太慢;每次喷液量太多太厚或重喷间隔时间太短;物面不平,尤其流线体形状易垂流。

解决方法:按要求配比;控制喷液量,确保喷液距离,提高喷枪运行速度;每次喷液不宜太厚,可分几次,掌握间隔喷液时间;控制出液量,减少涂覆膜厚度。

3. 现象:起泡

原因:现场气温高,干燥太快;物面含水率高,空气湿度大;一次喷涂太厚;压缩空气存在混合油水现象,在使用喷枪进行喷涂时,喷出的雾化涂覆液含有部分油水蒸气,使涂层形成气孔甚至润湿失效出现空洞。

解决方法:设备检修或者改善作业环境确保油水分离,注意到排水;添加慢干稀释剂;零件表面处理干净;涂覆时分多层多次,一次涂层不宜太厚。

4. 现象:收缩、起皱

原因:干燥时间太短或涂膜太厚;多层喷涂时上层喷得过厚,外干内不干。

解决方法:每道涂层之间要给予足够的干燥时间。

7.6　小结

三种涂覆工艺互为补充,选择使用时注意:

(1)按技术要求决定其中一种工艺;

(2)根据零件的复杂程度决定单一工艺还是双项工艺;

(3)灵活掌握三种工艺在 R&P 零件上的运用,包括在 R&T 制件上的应用;

(4)不排除其它新的工艺加入,如:化学腐蚀、电镀、沙箱磨、真空镀、电刷镀等。

7.7　案例

1. 镂空套装小象工艺品(见图 7 - 10)

图 7 - 10　大象工艺品

2. 建筑模型(见图 7 - 11)

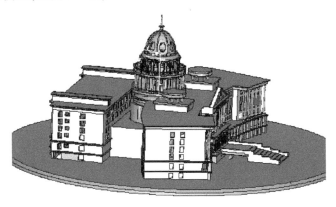

图 7 - 11　建筑模型

经实验证明,涂覆工艺作为零件后处理的一种方法,适用于大多数各种形状的复杂零件,该方法可在一定程度上减小台阶效应影响,提高零件表面质量,且不会明显影响零件细节特征和尺寸。

练习题

1. 什么情况下可采用涂覆工艺？
2. 涂覆工艺对工作场所有什么要求？
3. 怎样解决起泡现象？

第8章 喷漆工艺

8.1 简介

8.1.1 概念

根据产品设计的要求,直观的反映首版外观效果,喷漆是最直接的也是最快的一种表现手法。通过此工艺,零件可以获得以下效果:

(1)可遮盖首版零件的材料颜色不均匀和表面缺陷;

(2)通过多种色彩的搭配、套色等获得理想外观;

(3)改善了首版零件的表面硬度、耐磨、防潮性抗变形能力、耐温性等性能;

(4)可随意调整设计理念,获得理想的首版表面光洁度。

在快速产品的后期首版表面处理中,也有其它实现产品外观的手法如:喷塑、电镀、真空镀膜技术等。

本章所涉及的喷漆工艺是泛指 R&P 零件、R&T 零件、CNC、3D 雕刻机等快速制造的产品表面的喷漆工艺。

8.1.2 喷枪

喷枪是一种利用高压气体将油漆雾化涂覆的工具,空气在喷口处与油漆混合,并使其雾化,雾化的形状可以通过相关调节钮调节。对于喷枪的使用,应先熟悉喷枪各个机构的功能,掌握要领,灵活运用。

喷枪是一种较高级的精巧工具,所以在每次使用完毕后,要及时清洗保养,此点不可忽略。一切就绪后开始正常的规范运作。喷漆完毕后放入烘箱进行干燥处理。

喷枪在用途上分为:油漆喷枪、胶衣喷枪、乳胶漆喷枪、喷枪化妆、特殊用途喷枪、汽车底板胶喷枪、防尘喷枪,除尘喷枪,降尘喷枪,抑尘喷枪等几大类。在使用上分自动喷枪、手动喷枪。

1. W 系列喷枪

高压喷枪 WS－604(见图 8－1),容量 cc:600;喷嘴规格 mm:1.3—1.5;通用

气压 kgf/cm² :3—6；气管 mm :5 * 8；重量 kg :0.62；外观尺寸 mm :150。

　　特性：雾化好；效率高；高压环保喷涂；操作方便，安全，节能。

　　适用：化工，涂料表面喷漆；家具，木质行业表面喷涂；五金机械，电器，汽车等，适应行业非常广泛。

图 8-1　W 系列喷枪

W 系列喷枪离散结构如图 8-2 所示。

图 8-2　W 系列喷枪解体图

2. 喷笔结构(见图 8 - 3)

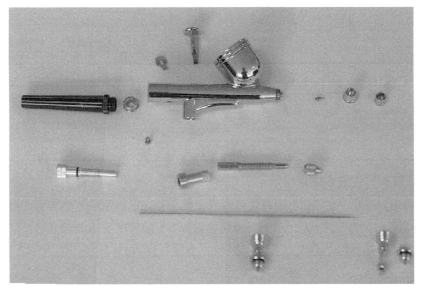

图 8 - 3　解体后的喷笔

　　(1)双动喷笔的特点是可以同时控制气流大小和颜料流量(如图 8 - 4、图 8 - 5 所示),向下按就是打开气流,用控制按下的力量来控制气流大小。

　　(2)向后拉按钮来控制颜料的流量。

　　(3)对于阀针的清洗,一定要注意不能对其施加过强的外力,以免偏离同心度,导致喷枪报废。

图 8 - 4　控制阀

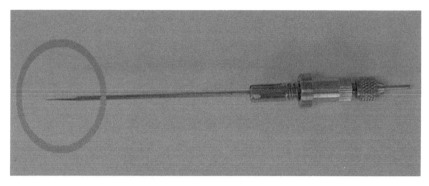

图 8-5 阀针

3. 喷枪工作前的注意事项

(1)用户所配空气压缩机的容量应符合说明书规定的该机空气消耗量,并应尽可能大于消耗量。出气管和进气管口径应符合说明书中的规定,以便保持足够的进气量。

(2)空压出来的压缩空气经过过滤后进入喷气设备,这样有利于确保气动系的使用寿命。

(3)油漆要先过滤,滤网选择应根据油漆的黏度、粒度,滤网太细油漆不易通过,过粗则喷枪容易被堵塞。

(4)空气压缩机应尽可能地远离喷涂现场,以减少压缩机污染的可能性。

(5)所有无气喷涂设备都应良好的接地,以免静电火花。

4. 喷涂过程中的注意事项

(1)喷涂过程中,清洗、更换喷嘴或不喷时应及时将喷枪扳机自锁挡片锁住。

(2)在任何情况下,喷枪口不准朝向自己或他人,以免损伤。

(3)采用尽可能低的喷涂压力,过高的涂料压力不会改进涂层,只会缩短设备的寿命及增加喷嘴的磨损,同时增加不安全因素。

(4)去掉手上所有的佩饰,以防万一。

(5)保持枪壶盖的空气孔畅通,否则将会导致涂料流量偏小。

(6)严禁在工作中用手拖拽、卡折进气压力管。

5. 喷涂结束后的注意事项

(1)喷涂结束后,设备应及时清洗。气动型无气喷涂设备的清洗一般分三个步骤。

① 涂料的排出:将吸入管从涂料桶中提起,使泵空载运行,将泵内、过滤器、高压软管和喷枪内剩余涂料排出。

②溶剂空载循环:将吸入管插入溶剂内,用溶剂空载循环将设备各部件清洗干净。

③溶剂的排出:将吸入管提出溶剂桶,空载循环,排出溶剂。

（2）严禁使用超声波清洁喷枪。

（3）严禁整枪浸入清洗溶剂中，以免溶剂进入喷枪的空气管道，引起喷枪的损坏。

（4）喷枪严禁喷涂碱性涂料和研磨的喷涂材料（如铅丹和液体钢砂等）。

（5）喷涂和清洗喷枪所用的溶剂严禁使用偏酸性或偏碱性液体（如回收再生溶剂），否则容易造成喷枪部件腐蚀损毁。

8.1.3　气源

如图 7 - 8 所示，喷漆所用的高压气体是由压缩机提供的。压缩机将普通大气压力压缩至 4—8 MPa，经储气包—压力调配器——一级油水精滤器—二级油水精滤器（见图 8 - 6）—进入喷枪—经过扳机控制雾化油漆喷出。

图 8 - 6　二级油水精滤器

在使用空气压缩机时应该注意：

（1）每次启动前应该检查润滑油位；

（2）压缩机周围无堆放物品；

（3）压缩机启动后运行正常，无异响或异常；

（4）及时放空储气罐里面的废油水；

（5）当压缩机油位指示低于警告值时，应该及时补充润滑油。

8.1.4　喷漆工艺对环境的要求

1. 照明

宽敞明亮，接近自然光的环境，便于分辨色度，有益身体健康的工作环境。

2. 防尘

（1）从保护工作者的角度出发，必须提供安全和健康的工作场地；

（2）清新的环境有利于防止工件的二次污染；

（3）保护环境；

3. 空滤

（1）空气滤清系统提供清新的低粉尘空气，防止工件的污染。

（2）排除喷漆时产生的粉尘和挥发性气体。

4. 换气

换气系统要求对双向气流有过滤作用，防止双向污染。

5. 清理

整洁简练的喷漆房便于常规性的卫生清理，以防止环境粉尘污染对工作者和工件的污染。

6. 防火

由于喷漆房含有易燃挥发性稀释剂和溶剂挥发物，禁止明火、抽烟等危险性引爆、引燃操作。

7. 干燥

干净卫生的良好环境和相对湿度便于提高结合面的结合强度。

8. 静电

工件带有静电容易吸附微小灰尘，不利于附着油漆。

8.2　工艺流程

首版零件喷漆工艺基本路线如下：

清洗→除油→祛除毛刺→打磨→清洗→表调→清洗→干燥→喷涂→

入库包装←质检←干燥←喷涂←干燥←喷涂←干燥←清洗←打磨←干燥

表调——"表面调整"简称，顾名思义可以理解为采用物理和化学方法来改变零件表面的一种手段，达到改善物质表面，在某种场合下具有最佳特定功能的目的。

8.2.1 准备工作

清洗干净的首版经过打磨,得到合格的原色产品,在喷漆之前还要进行再次的洁净处理。有二种清理方法:液体清洗,喷砂。

1. 液体清洗

(1)首版零件的清洗。

①酒精清洗。取浓度不低于90%的酒精(见图8-7)进行零件的表面刷洗。

②丙酮清洗。取浓度不低于90%的丙酮进行零件的表面刷洗。

③异丙醇清洗。取浓度不低于95%的异丙醇进行零件的表面刷洗。

④TM清洗液清洗。

图8-7 酒精

所有的清洗应在通风良好的环境下进行,严禁一切明火、抽烟,或加热装置在一边工作。

(2)R&T、CNC、雕刻机等零件的清洗。

洗衣粉清洗。配比较高浓度的洗衣液温度在25—30℃内,将零件浸泡在液体里一段时间(10分钟左右),用毛刷(见图8-8)、牙刷(见图8-9)清洗附漆表面。主要清理脱膜剂、汗渍、油渍等污物。

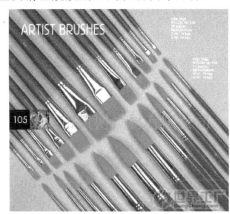

图8-8 油画笔

图8-9 牙刷

2. 喷砂

喷砂又叫吹沙。该工艺能使物件表面得到均匀的粗糙度,以便零件和底漆更好地结合。

二种清理方法,在清洗完毕后,将零件用清水漂洗干净然后吹干。吹干所使用的气源要求是无水无污油的干燥干净的空气。

8.2.2　烘干

经过上述工艺处理后我们得到的是具有一定含湿量的零件。含湿量对底漆有降低表面附着力和容易出现表面针孔等影响,所以需要进一步提高零件干燥度。

提高干燥度有以下几种方法。

(1) R&P 零件可在 35—40 ℃ 之间,时间不少于 30 分钟下在烘箱(见图 8 - 10)内风浴烘干。

图 8 - 10　烘箱

(2) R&T 零件可在 40—45 ℃ 之间,时间不少于 30 分钟下风浴烘干。

(3) 热吹风枪(见图 8 - 11)吹干。

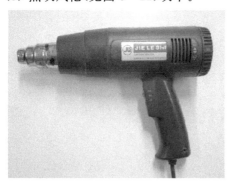
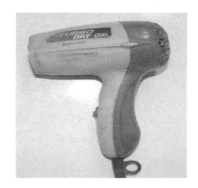

图 8 - 11　热吹风枪

（4）自然晾干（环境相对湿度低于45％时比较理想）

8.2.3　第一道底漆

1. 涂料组成

（1）成膜物质：构成涂料的基础，是涂层的主要物质。

（2）溶剂：又称稀释剂，使涂料保持溶解状态，调整涂料黏度便于操作。不同涂料有不同溶剂。

（3）助剂：改善涂料施工性能，有催干剂、增韧剂、固化剂等。

（4）颜料：成膜物质一般为无色透明。颜料有遮盖、美观、增加漆膜强度等作用。

2. 常用涂料（油漆）

（1）清漆：不含颜料的透明漆，由树脂、溶剂及催干剂制成的涂料。

（2）厚漆：由干性油、颜料混合而成的涂料。使用时用清油调到合适黏度。该漆干燥慢、漆膜软，炎热潮湿天气有反粘现象。

（3）调合漆：已调制好，不用加任何材料即可使用的涂料，分油性调和漆和磁性调和漆两种。

（4）磁漆（树脂漆）：用清漆与着色颜料调配的色漆，有酚醛磁漆、醇酸磁漆等。

（5）烘漆（烤漆）：涂于基体后需经烘烤才能干燥成膜的漆。

（6）水溶漆、乳胶漆：可用水作稀释剂的涂料。水溶漆是以水溶性树脂为主要成分的漆；乳胶漆是以乳胶（合成树脂）为主要成分的漆。

（7）大漆（天然漆）：特点是漆膜耐久性、耐酸性、耐油性、耐水性、光泽性均较好。

（8）底漆：直接涂于基体表面作为面漆基础的涂料，有环氧底漆、酚醛底漆等。

（9）腻子：由各种填料加入少量漆料配制的糊状物。主要用于底漆前，使基体表面平整。

在开始工作时，第一要清洁现场，尽量减少人员活动，第二停止有粉尘的工作程序进行。喷第一道底漆要求表面涂层均匀，不应产生流痕、漏面等。喷第一道底漆能尽显零件表面的缺陷，便于后期表面缺陷处理。

8.2.4　补缺

喷涂一遍底漆的快速零件基材或多或少的会显现出零件缺陷。针对缺陷一般采用的修补原料有：单体固化腻子、汽车腻子、慢干502胶水（见图8-12）、哥俩好（见图8-13）等粘合剂。

图 8-12 慢干型 502

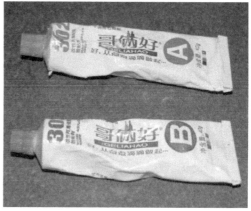

图 8-13 哥俩好

注意:修补完的零件要求清理清洗干净、烘干。

8.2.5 第二道底漆

第二道底漆又称中涂底漆。一般两次底漆就可以解决零件的表面质量。如果还存在缺陷请重复前几个流程。

中涂底漆的作用是有效地隔离机体。

中涂底漆起着承上启下的作用,对机体要求有良好的附着力,表面均匀、光洁、平整;对表层彩漆起着稳定作用。

8.2.6 面漆

面漆分单色漆和套色多层漆。对零件来说面漆是装饰保护层,对色彩要求有较高的稳定性,对喷漆质量要求具有色调纯正、清洁、丰满、光亮、不垂、不挂、光泽均匀、无漏喷、无虚烟、无花枪、流平好、无咬底、不浮躁、无偏色、没针眼、厚度均匀、无杂质等。套色时应该注意与设计方案的吻合,色层之间无明显的硬性过渡边界,套色层面厚度统一,无色界波浪。

面漆喷涂前必须做好以下几项工作。

(1)用色卡确定颜色、光泽、色度和油漆用量等。如下图 8-14 所示为色卡。

(2)选择涂料的品种:醇酸类、聚氨酯类、氨基类、丙稀酸类、环氧树脂类、稀释剂等。

(3)检查油漆的性能要求:干燥温度、环境湿度、环境清洁度等。

(4)油漆搅拌均匀。

(5)调整涂料流动黏度。

(6)搅拌好的油漆静置、沉淀、净化、过滤。

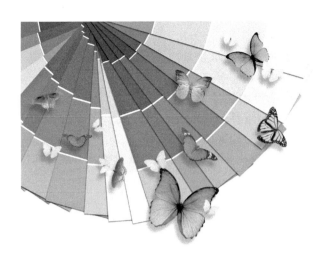

FGP120
TPX 色卡-扇形版新色

FFC125
TCX 色卡-棉布版

FPP120
TPX 可撕套装-新版

FFN100
尼龙色卡

RAL－47
RAL－K7 色卡

RAL－K5
RAL－K5 色卡

GG1301
C 色卡-光面铜版纸

GG1305
高级金属色色卡

GSB16-图 1517－2008
中国建筑色卡-1026 色

GSB05－1426－2001
国标色卡-漆膜颜色标准样卡

A－6
NCS 色卡-便携式扇形板

PPTQ100
塑胶选色片套装

图 8－14　色卡

（7）颜色调整。

（8）净化气源技术参数的确定：一般整定在 0.8 MPa

（9）确定喷枪型号：喷枪的口径为 0.2—1.5 mm，调节气源压力使之保持恒压时间加长。喷花枪的压力可调节在 0.3—0.45 MPa 左右。

(10)喷嘴与被喷面的距离一般以 15—30 cm 左右为宜。

(11)喷出漆流的方向应尽量垂直于物体表面。

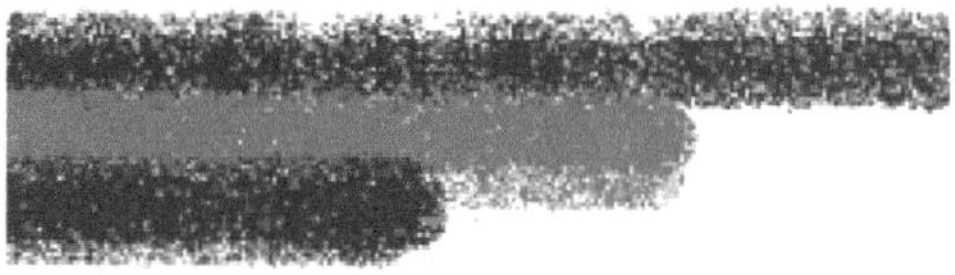

(12)每一喷涂条带的边缘应当与前一已喷好的条带边重叠 1/3(见图8-15)上。

图 8-15　色带叠加行走示意图

(13)保持喷枪的运动速度均匀一致。

(14)试喷:拿白纸或材质相同的材料做试验喷漆一次。其目的是:

①验证油漆流动黏度。

②油漆纯度。

③调整压力。

④调整喷出量。

⑤调整雾化外形。

⑥整定油漆色泽(是否达到所要求的颜色)。

⑦调整光泽(亚光或亮光)。

⑧检验零件表面被涂覆后的缺陷。

8.3　喷漆技巧

想要喷出漂亮合格的产品,请记住并灵活运用以下几点:

(1)合理的流动黏度,按厂家提供的配比稀释。

(2)合理的涂层厚度,20 μm。

(3)喷枪与物体之间的角度,90°。

(4)喷枪雾化形状,可调。

(5)喷枪与物体之间的距离,20 cm 左右。

(6)合理的喷涂压力,4—6 kg/cm²。

(7)合理的移动速度和均匀性,按 25 cm/秒左右行走。

(8)掌握喷涂路线要领:喷涂应按从里到外、由上而下、从左到右的顺序进行。

8.4　检验

8.4.1　检验方法

工艺完成后的工件应具备无皱纹、无交融线、无收缩枝裂纹、无沾附异料、无灰尘、无气泡、无裂痕、无胶皮、无流挂、无斑点、无针孔、无渗色或缩孔现象等,经检验无误后打包入库。

作为一般样品首版的工作到此结束。但高仿真样品的制作还需要对表面进一步的美化,如喷涂耐磨漆、高光亮漆、镜面漆、磨砂漆、移印、套印等后续装饰工作,这时除参考以上所述,还需考虑环境粉尘污染、飞溅物污染、溶解液的相容性等对产品形成的二次面污染。

初次检验不合格产品需要返工,返工参照以上工艺路线可穿插进行。

8.4.2　验收标准

首版验收合格需满足以下要求:

(1)手感光滑、无颗粒感、无缩点、无皱、无橘皮纹、融合纹。

(2)漆面饱、无垂、挂、堆、流、波;

(3)光泽合适(清面漆清亮、透明度高、亚光自然均匀);

(4)无流坠、刷痕、露点、露面、泛白;

(5)对其它基漆无污染、杂染;

(6)清漆基层无污染、混溶;

(7)套色油漆基层平整、光滑,无挡、涩手感;

(8)透底有色漆施工色彩、深浅均匀一致。

8.5　油漆原料

8.5.1　常用首版用油漆

常用油漆种类:PE(不饱和聚酯树脂涂料)、PU(聚氨酯漆)、NC(硝基漆)、UV(紫外线光固化反应油漆)。

1. PE(不饱和聚酯树脂涂料)

三液反应型(蓝水 ＋ 白水 ＋ 主剂)。具有高硬度、高耐磨、耐化学性、阻燃性等特点,其缺点是有毒,存放不安全,容易出现火灾,品质不容易控制,操作难度大(因其比例成分控制极为严格),主要用于钢琴烤漆。

2. PU(聚氨酯漆)

二液反应型(主剂 ＋ 固化剂)。具有良好的机械性能,较高的固体含量,各方面性能都比较好等特点,其缺点是施工工序复杂,对施工环境要求很高,干燥速度慢,有时候不够硬,漆膜容易产生弊病,主要用于地板涂料,防腐涂料,预卷材涂料等。

3. NC(硝基漆)

属于物理反应型。具有施工简便,干燥迅速,对涂装环境要求不高,不易出现漆膜弊病,修补容易,且价格便宜等特点,其缺点是固体含量较低,需要较多的施工道数才能达到较好的效果,耐久性不好,保护作用不好,不耐有机溶剂,不耐热,不耐腐蚀,主要用于木器及家具的涂装,家庭装修,一般装饰涂装等。

4. UV(紫外线光固化反应油漆)

属于光化学反应型(主剂 + 单体助剂 + 感光剂)。这是一种不含挥发性溶剂的油漆,无毒、无味,漆膜具有耐酸、耐碱、耐摩擦、饱满、亮度高、不结露、不吸尘、易清洁、附着力强、耐老化等特点。主要用于木器涂料、电器涂料、汽车涂料、金属涂料等。

以上四种油漆比较如表 8-1 所示。

表 8-1 四种油漆性能比较

油漆名称	固体含量	干燥时间	硬度
PE	90%	2 小时	3H
PU	40%—60%	4—6 小时	2H
NC	25%—40%	0.5 小时	1H
UV	100%	3—5 秒	4H—5H

8.5.2 NC 类 ABS 塑料漆

随着化学工业的进步,近几年在油漆行业不断推出新的品种。首版行业紧跟时代趋势,采用新的原料,制作出一流的产品。下面简介 nc 类 abs 塑料漆的应用范围和施工说明。

ABS 塑料漆主要作为汽车、摩托车、家电、机电、灯饰和文教用品中的 ABS 塑料制品的装饰防护用漆。

施工说明:

(1)塑料工件在涂装前,要用酒精或稀释剂除去表面的油污、脱膜剂、灰尘等杂质,清除静电。以喷涂为主,喷嘴口径 Φ0.4—Φ1.5 mm,压力 0.4—0.6 MPa。

(2)使用专用塑料漆稀释剂把漆对稀到 13—15 秒,经 180 目筛网过滤才施工。

(3)施工前要将漆充分搅匀,涂装后,要常温流平 10 分钟才入烘箱于 50 ℃烘干。

(4)烘 40 分钟,或自然干燥 24 小时后才包装。

8.6 常见问题及解决方法

首版零件最常见的问题就是针点面斑,无论怎样涂覆都难以遮盖,当然还有其它一些问题,下面一并探讨(见表 8-2)。

表 8-2　漆喷弊病及原因

漆膜弊病名称	编号	材质状态	表面状态	喷漆机气压	烘道清洁	空气清洁	换气	粘度	漆量	调和搅拌	杂物混入	喷涂方法	链速	操作者熟练度	人员质量意识	去灰尘	漆前处理	工艺配套	底漆涂层	喷干	烘干温度	干燥程度	底漆干燥	漆膜厚度	油漆种类	颜料种类	溶剂沸点	稀料溶解力	季节	温度	湿度	光线	作业环境	弊病编号
流挂、垂流、流痕	1		○	△				◎	◎				○														○	○		○				1
粗粒、疙瘩	2	○	○	△			○	◎	○	○	◎		◎	△	○	○									○	○			○				△	2
露底、遮盖不良	3	○	○	△				○	○	○		○	◎	○	○									○	◎				△					3
咬底	4						◎												○							◎		○						4
白化、发白、变白	5			◎	○			○					○	△	○											○		○	◎		○	○		△	5
雾化不良、拉丝	6		◎	○				○					◎	△											○		○			○	○			6
缩孔、抽缩（见底材）	7	◎	△								○			△	△	△									○								7
陷穴、回迸（不见底材）	8	△	○					△	◎		◎		◎	△	△	△									◎		○					◎	8
溶剂泡	9					◎		△						○							◎				○		◎	○			○			9
气泡	10		○																															10
针孔、孔	11	○						○		○				△	△				○					○										11
起绉	12			△			◎	△	△	◎	△	△	○								○			○		○	△	○					12
色发花、色不匀	13																						○	◎									13
浮色、色浮	14			△		○			○															◎					△			△	14
金属交光色不匀	15							△		○										○			○	◎		○							15
变色	16																			○			○	◎	○								16
光泽不良、光泽发糊	17			△					◎	○	○		○	△					◎	○	○					◎			○	○	○		△	17
桔皮	18		△				○	◎	◎	○		△	◎	○						○			○		○		○		○					18
砂纸纹	19	◎															○																	19
丰满度不良、干瘪	20	△		△				○	◎			△	△	◎	△	○			○				○	○										20
缩边、边缘露底	21	○					○							△										△										21
起泡	22				△												○			○				○			○			○		○		22
干燥不良、粘	23												◎		△	○				○			○		△		○		○	○				23
沾污、斑点	24	△									△			△		○							△		△				△				○	24
剥落、附着力差	25												△			○	○		○		○	○			△				○	○			△	25
褪色	26														○	○									◎				○			○		26
返金光	27														○														○	○				27
裂缝、开裂	28	○											△		○	○		○	○		△	○		△	○				○			○		28
生锈	29	◎													○	○		○							○				○			○		29
粉化	30														○						○	○			○							○		30
回粘	31	○												△							○													31
变脆	32																				○									○				32

注：◎表示产生弊病的主要原因　　○表示产生弊病的一般原因　　△表示产生弊病的可能原因

1. 本体污染

原型件表面被缓释的光敏树脂污染。R&P 零件制作完成后其固化率不足 100%,经络状结构和制作过程中的光源瞬间不匀等原因,使其未固化的光敏树脂缓慢释放到零件表面,从而形成零件的表面有局部液态面膜。液态面膜会分散破坏其它液态覆盖物的表面张力。

解决方法:在喷漆前必须对 R&P 零件做表面封闭处理。

2. 外源污染

油脂污染。指人为的拿物过程中无意的指印污染;清洗过程中接触油性物、汗滴、灰尘等;环境不达标。

解决方法:控制,如采用干净的托盘,戴手套、戴帽防汗滴下落等。环境卫生达标。

3. 气源污染

(1)喷漆过程中气源的干净度和干燥度未达标而造成局部乃至整个零件表面产生不均等的花面现象。

(2)气流中含有二氧化碳气体或气流过大造成膜面含有气体,混进油漆之中的气体突破涂层鼓起形成气泡,进而破裂或磨破形成坏面。

解决方法:①提高气源的指标;

②控制调节气源压力。

4. 环境污染

(1)环境空气污染。空气中含有颗粒物。

(2)工作台污染。工作台面有杂屑、灰尘、溶剂等。

5. 温度

喷漆时工件与环境、气源与工件会有温差,温差造成表面拉花。

解决方法:减少温差。

6. 干燥

喷漆完成后采用加热干燥涂层时,温差过高,会造成局部脱层。

解决方法:同步加热。

7. 调制

调制过程中搅拌时产生的气泡未消除等会影响均匀性。

解决方法:静置一段时间,比如 30 分钟后开始工作。

8. 工件自身问题

工件填孔不实含有空气而造成涂层不完整。

解决方法:工件检验需严格。

9. 静电引起的问题

工件在清洗干燥过程中被静电污染,使得工件表面涂层花斑化。

解决方法:应用高压离子气体去除静电。

10. 流平不好

流平不好主要在调制时没控制好流动黏度。干燥前停留时间不足。合理的流动黏度是调制油漆的必要关键技术。油漆由机硅树脂、颜料、助剂和溶剂等组成。喷漆在调制时会加入固化剂、稀释剂,再加上颜色混合等技术原因直接影响被涂覆工件的表面质量。油漆调制的太稀会降低表面张力。

解决方法:试喷时加以调度。适当延长干燥前停留时间。

11. 垂、流、挂

垂流挂是指垂直面上部分油漆在重力作用下产生流淌,漆膜厚薄不匀,或珠滴,或挂幕下垂状态。

原因:漆料太稀、漆膜太厚或施工环境温度过高;漆料中含重质颜料过多,涂漆附着力差;稀释剂挥发太快或太慢,影响漆膜干燥速度出现流注;油漆物面不平整,或有油、水等,造成漆膜下垂。

解决方法:选用优质油漆和配套的稀释剂;物面处理要干净、平整,表面无油污、水分;环境温度应符合喷漆要求;操作人员应有技术的熟练,保证喷涂均匀。

12. 结点、起粒

结点是指油漆涂在物面上,漆膜不光滑,手摸有粗粒突出感觉。

原因:物理清理不干净,有砂粒等混入漆中;施工环境不清洁,灰尘、杂物混入油刷中,转而混在漆料中;油漆本身不干净,过滤不细致;漆料内颜料颗粒太粗或过多;调配油漆时,漆内气泡未散开,尤其是天气冷时,气泡更不易散开。

解决方法:选用优质油漆,过滤要细致,调合要均匀,无气泡后再用;物面要清理干净;施工环境应无灰尘、杂物等。

13. 咬底

咬底是指涂刷面漆时将喷好的底漆咬起来。

原因:底漆未干透,不牢固;面漆喷涂太早;底漆与面漆不配套,底漆膜承受不了面漆强溶剂的作用,被咬起溶解。

解决方法:选用配套的油漆材料;底漆膜干燥后再涂面漆。

14. 露底

露底是指漆膜厚度在正常情况下,部分或棱角处有露出底色。

原因:材料配合不均,密度大的下沉;稀释剂较多,且未调匀;操作技术不熟练,涂刷不均匀,特别是棱角处轻喷或漏喷。

解决方法:油漆调合均匀后再进行喷涂,喷涂时要求均匀不漏喷。

15. 慢干

慢干是指油漆涂刷后,超过干燥规定时间,漆膜表面仍有粘手指感觉。

原因:漆膜涂刷太厚,漆膜表面干燥,里面长期不干;底漆未干透就涂刷面漆,造成漆膜柔软不干结;固化剂过多造成漆膜不干;物面不干净;有蜡质、盐分、油脂等杂质混入漆膜中;漆料中含有不干性油。

解决方法:控制各道工序时间和控制喷漆房间粉尘污染。

16. 发白

指油漆涂料干燥过程中,漆膜上有时呈现乳白色现象。

原因:涂料水分浓度过高、溶剂解析力不够、基材本身水分含量过高。

解决方法:此类问题考的是经验分析,可以做本油漆材质的样板,控制气源的含水量,控制基材本身含水量。

17. 发黄

指油漆涂料干燥过程中,漆膜上有发黄现象。

原因:紫外线直射,环境因素如空气湿度大、温度过高,反应过度,涂料本身耐黄变率低。

解决方法:控制工艺和环境因素,控制油漆质量。

18. 回粘

干燥不发粘的漆膜表面随后又出现发粘的现象。

原因:油漆品质太差、外界温度高、湿度大、油漆未全固化就包装处理、固化成分过少。

19. 鬼影

原因:喷涂时走枪不均、喷幅不一、搅拌不均。

20. 起皮

原因:被涂物面层水分太高、未经过封油处理、底漆未干涂面漆、两种不配套的底漆和面漆。

21. 起泡

指涂料在施涂过程中形成的空气或溶剂蒸气等气体或者兼有的泡。

原因:被涂物有水分,涂料有水分,空气湿度大,油污,稀释剂、固化剂不配套,搅拌不均匀,表面不平。

22. 起皱

指漆膜呈现或多或少有规律的小波幅波纹式的皱纹,它可深及部分或全部膜厚。

原因:底漆、面漆干燥速度不一致,涂层太厚,黏度过高,喷嘴未调节好,PU 类的涂料固化剂加太多,干燥速度太快。

23. 开裂

指漆膜出现不连续的外观变化。

原因:涂层太厚、涂料过期,涂料本身硬度高、较脆,促进剂含量过高,面漆固含量低,树脂本身有问题以及外部环境问题。

8.7　UV 光敏树脂面处理工艺

UV 面处理漆引入首版后处理行业时间不长,还有许多的问题等待解决,对其性能、工艺等还有待摸索。下面介绍一些已经验证过的结论。

UV 漆是 Ultraviolet Curing Paint 的英文缩写,指用紫外线固化的漆(UV 本为紫外线代号),其原料一般为环氧树脂,其特点是:漆膜硬度高,附着力不如 PU 漆,漆膜厚度可达到 0.6 mm(PU 漆为 0.4 mm)。光泽度可调,可分为哑光、半哑光和亮光。

1. UV 漆工艺

(1)UV 底,UV 面

(2)UV 底,PU 面

(3)PU 底,UV 面

常见的施工方式:喷涂 UV 面或底、手工刷涂 UV 面或底。

2. 涂覆前准备工作

(1)针对不同材质的首版,首版表面清洁剂的选用有所区别。

(2)对 R&P 原型件需要做首版表面封闭工艺,才可进入下一步工序。

(3)操作者穿戴好必备的保护服,保持所持物件的干净。

(4)控制环境粉尘,保证所用设备正常。

3. UV 漆优点

(1)没有挥发的溶剂,不会造成环境空气的污染,是目前比较环保的油漆新品种之一。

(2)面漆固化时间短,可以减少能源浪费,提高生产效率,是常规涂装成本的一半,是常规涂装效率的数十倍。

(3)留固含量极高。

(4)硬度好,透明度高。

(5)耐黄变性优良。

(6)活化期长。

(7)废料少。

4. UV 漆缺点

(1)要求基材无油、汗渍、湿点等污染，前期准备工作需精细。

(2)要有足够的化学配比知识。

(3)UV 原料在配好后有一定的使用期限。

5. UV 漆涂装工艺未来发展

(1)通过油漆新品种研发与新设备的应用，进一步提高首版面漆的表现效果，以求达到快速、精细的表达首版意义。

(2)解决 UV 漆喷涂、刷涂工艺，使其能完美地呈现产品外观效果。

(3)彩色 UV 漆的喷涂与手工刷涂已在部分领域应用，但仍需完善其标准性。

6. 性能比较

如表 8-3 所示为 UV 涂料与挥发干燥型涂料的性能比较。

表 8-3　UV 涂料与挥发干燥型涂料的性能比较

性能 / 涂料	生产效率	能量消耗	VOC	环境危害	设备占用空间	耐磨性	硬度	耐化学品性
UV 涂料	高	低	低	轻微	小	优异	高	优异
挥发干燥涂料	低	高	高	严重	大	一般	一般	一般

性能 / 涂料	涂膜丰满度	光泽	柔韧性	抗冲击性	耐冷热循环	附着力	装饰功能	后加工性	成本
UV 涂料	优	高	差	差	差	一般	一般	差	高
挥发干燥涂料	差	一般	优	优	优	优异	优异	良好	低

7. 首版用 UV 漆常见问题与方法

(1)麻点现象

原因：① UV 漆发生了晶化现象；②表面张力值大；③对首版表面润湿作用不好。

解决方法：①在 UV 漆中加入 5％的乳酸；②破坏晶化膜或除去油质或打毛处理；③降低表面张力值，加入表面活性剂或表面张力值较低的溶剂。

(2)条痕和起皱现象

原因：UV 油太稠，涂覆量过大。

解决方法：降低 UV 油的黏度值，加入适量的酒精溶剂稀释。

(3)气泡现象

原因:所用 UV 油质量不高,UV 油本身含有气泡。

解决方法:换用质量高的 UV 油或将其静置一段时间再用。

(4)桔皮现象

原因:①UV 油黏度高,流平性差;②刷涂量过大;③喷枪压力大小不均匀;④环境温度过低。

解决方法:①降低黏度,加入流平剂及适当的溶剂。②控制喷涂流量。③调整压力、距离。④提高环境温度。

(5)发粘现象

原因:①紫外光功率不足;②UV 漆存贮时间过长;③不参与反应的稀释剂加入过多;④曝光时间不够。

解决方法:①固化时间过短,紫外光功率衰减;②更换漆;③注意合理使用稀释剂;④适当顺延曝光时间,注意调整光功率、距离等。

(6)附着力差,涂不上或有发花现象

原因:①首版表面产生晶化油、污物过多;②UV 光油黏度太小或涂层太薄;③涂覆不匀;④光固化条件不合适;⑤UV 光油本身附着力差或首版材料的附着性差。

解决方法:①消除晶化层,首版表面做封闭处理,控制首版表面洁净度;②选择 UV 油,匹配工艺参数,调整喷涂量;③使用黏度高的 UV 光油,加大涂布量。手工涂覆时要注意调整 UV 漆的流动黏度;④更换涂覆工艺,改善固化条件(光强度、温度、距离等);⑤检查是否紫外光汞灯管老化,或机速不符,选择合适的干燥条件;上底漆或更换特殊的 UV 光油。

(7)光泽不好亮度不够

原因:①UV 光油黏度太小,涂层太薄,涂布不均;②首版材料粗糙,吸收性太强;③首版表面喷涂量太少;④非参加干燥反应溶剂稀释过度。

解决方法:①适当提高 UV 光油黏度及涂覆量,调整喷涂的均匀性;②选择吸收性弱的材料,或先涂覆一层底层漆;③加大喷涂量;④减少乙醇等非反应稀释剂的加入。

(8)白点与针孔现象

原因:①涂覆太薄;②稀释剂选用不当;③首版表面粉尘较多或喷涂的颗粒太粗。

解决方法:①增加涂层厚度;②加入少量平滑助剂,采用参与反应的活性稀释剂;③保持表面清洁与环境清洁,控制喷涂距离、喷涂压力。

(9)残留气味大

原因:①干燥不彻底,如光强度不足或非反应型稀释剂过多;②抗氧干扰能力差。

解决方法:①固化干燥要彻底,选择合适的光源功率与照射时间;②严禁使用非反应型稀释剂;③加强换气量。

(10)UV 光油变稠或有凝胶现象

原因:①贮存时间过长;②未能完全避光贮存;③贮存温度偏高。

解决方法:①按规定时间使用,一般为 6 个月;②严格避光贮存;③贮存温度必须控制在 5～25 ℃。

(11)UV 固化后自动爆裂

原因:被照表面温度过高后,聚合反应继续。

解决方法:增大灯管与被照物表面距离,冷风或冷辊压。

8.8　小结

在喷漆工艺中,熟练掌握基础材料性能,掌控工艺、技巧,掌握工具,灵活调整工艺,是对每个操作者的挑战。对于出现的问题,及时做出应对方法,总结归一,使得经验积累转化成一种理论根据,这才是现代工作者的终极目标。

8.9　案例

套色渲染(见图 8 - 16)。

图 8 - 16　套色渲染效果

单色渲染(见图 8 - 17)。

图 8 - 17　单色渲染效果

练习题

1. 简述喷枪的作用。
2. 简述喷涂过程应注意事项。
3. 什么是表调?
4. 零件的清洗液有几种?
5. 有几种烘干方式?
6. 什么叫补缺?
7. 表面处理后的验收标准是什么?
8. 简介 UV 漆。
9. 简述白点与针孔现象的原因和解决办法。

第9章　刀具制造

9.1　型刀制作

工欲善其事,必先利其器。在后处理中,针对不同零件的外形,应选用对应的刀具。而一把好的刀具标准:随形、耐刀削、顺手、便于修磨。

9.1.1　刀具的类型

后处理用刀具分机用类和手工类。

后处理工作中常用的机械助力工具有:齿科打磨机、吊磨机、超声波打磨机、抛光机、手电钻、台钻等。随机器配有各种型号的机用切削刀具,比如:旋转锉、切割刀、抛光轮等配套工具(见图5-9、图6-3、图9-1、图9-2)。

图9-1　磨刀头

图9-2　抛光轮

手工类用刀有雕刻刀、锉刀、自制刀具等(见图6-4,图9-3)。刀具在后处理中起到至关重要的作用。好的刀具应具备锋利、随型、适手、耐用等特点。处理不同的零件结构件,应选用相应的刀具。对于比较复杂的零件,想要仅仅使用一把刀就完成全部后处理切削工作几乎是不可能的。如果为图省事不换刀,结果往往会破坏了零件细小的结构特征或伤害了光洁的表面,造成不可挽回的损失。

型刀种类有平口刀、45°—60°斜口刀、圆刀、直角刀、曲线刀、勾刀等。由于每个零件的表面形状不同,所以要灵活运用不同的刀具修整不同的型面。几种常用的型刀如图9-4—图9-6所示。

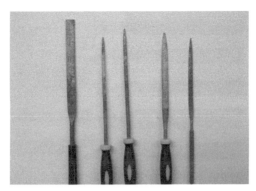

图 9 - 3　各种型号的锉刀

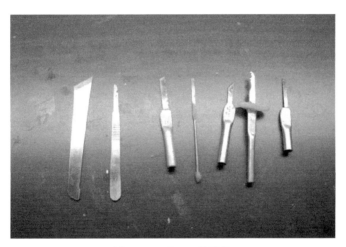

图 9 - 4　手工刀具样品

图 9 - 5　平压刀

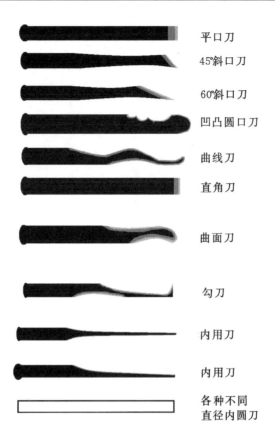

图 9-6　部分型刀种类

9.1.2　刀具材料

制造刀具的材料必须具有较高的硬度和耐磨性,必要的抗弯强度、冲击韧性和化学惰性,良好的工艺性(切削加工、热处理等),并不易变形。通常当材料硬度高时,耐磨性也高;抗弯强度高时,冲击韧性也高。但材料硬度越高,其抗弯强度和冲击韧性就越低。高速钢因具有很高的抗弯强度和冲击韧性,以及良好的可加工性,目前仍是应用最广的刀具材料。选择好的刀具材料是决定刀具切削性能的根本因素,对于加工效率、加工质量、加工成本以及刀具耐用度影响很大。型刀制作的材料有:手工锯条、车床用割刀等(见图 9-7)。也可购买成品成套刀具,如:成套雕刻刀、手术刀、成套修脚刀具等,但此类刀具存在一定的材质和使用缺陷。确定选取制作刀具的材料后,我们要确定所磨制的刀型。

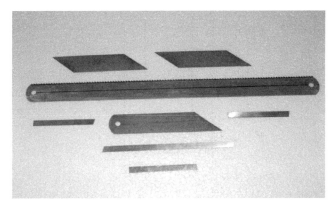

图 9-7 部分刀具材料

9.1.3 手工制作刀具的基本结构

在首版样件后处理中,常用的手工刀具结构(如图 9-8 所示)由刀柄(握柄)、主刀刃、副刀刃、刀背、刀脊等基本要素组成,其它异型刀具的变化也只是一种衍生品。

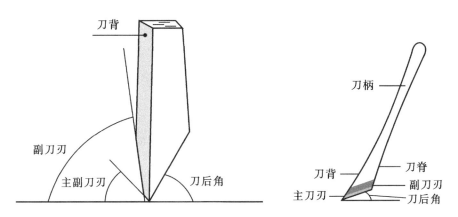

图 9-8 常用刀具结构

根据个人习惯不同,刀具又分左把刀和右把刀,如图 9-9 所示。

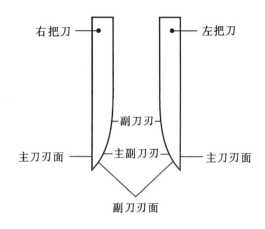

图 9-9　右把刀和左把刀

9.1.4　刀具的几何角度

选择合适的几何角度,有助于减小刀具的用力和磨损,同时工件也不容易崩缺。

1. 前角

采用正前角加工零件时,随着前角的增大,刀具变快、刃口强度被削弱,所以刀具不耐用,需要经常修磨。适合精细细节的切削。

2. 后角

如果后角增大,则刀具刃口锋利度降低,后刀面磨损面积逐渐增大。刀具后角过大后,切削力度加强,耐磨损、用力大,适合厚重处的表面打磨。

3. 刀尖

刀尖强度取决于应用范围,刀尖类型也要选择适合的。如果是处理字体就需要刻刀、精细刀尖,若是处理大面积零件就需要厚实的刀头才符合要求了。

9.1.5　刀具的制作

刀具是在专业的工具磨床上制作完成。

自己动手(DIY)在台式砂轮机上,制作一把自己设计的型刀。如图 9-10 和图 9-11 所示。

图 9 - 10　台式砂轮机

图 9 - 11　磨制刀具(手工 DIY 刀具)

制作时应注意事项：

(1)注意防尘、飞溅物,戴风镜。

(2)注意手的稳定性,防止伤手。

(3)施加压力的均匀性。

(4)注意防止打滑。

(5)防止材料退火,防烫伤。

　　磨制好的刀具,经过油石精磨后应具备棱角分明,角度清晰,无漏磨、偏磨,刀刃无残损、毛刺、凹损,无微小崩刃与锯口。平口刀应具备平、直,刀刃应具备无凹、凸现象(见图 9 - 12)。

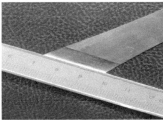

图 9 - 12　刀具刃口

9.2　各种型刀的使用

9.2.1　刀具使用方式

1. 执弓式

执弓式是最常用的一种执刀方式,动作范围广而灵活,用力涉及整个上肢,主要在腕部。用于较大表面的切削。

2. 执笔式

执笔式用力轻柔,操作灵活准确,便于控制刀的力度,其动作和力量主要在手指。用于短小切口。

3. 握持式

握持式是指全手握持刀柄,拇指与食指紧捏刀柄刻痕处。此法控刀比较稳定。操作的主要活动力点是肩关节。用于范围广、组织坚厚,或较大的切开。

4. 反挑式

反挑式是执笔式的一种转换形式,刀刃向上挑开,以免损伤深部。操作时先刺入,动点在手指。

5. 指压式

指压式用力重,食指压住刀柄前端,后半端藏于手中。此法控刀稍不灵活。主要适用于难切开时。

9.2.2　常用型刀适用范围

常用型刀的使用图例如图 9-13 所示。

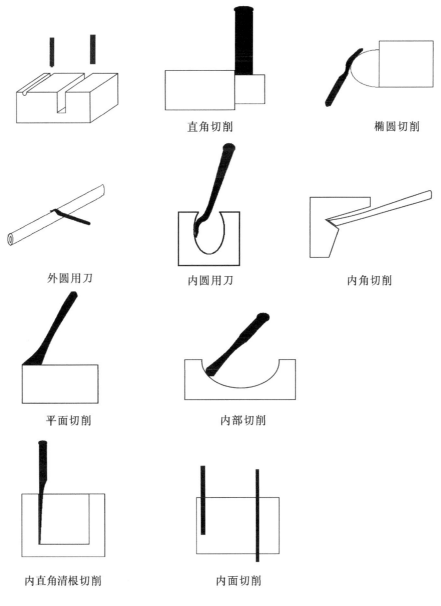

直角切削　　　　　　　　椭圆切削

外圆用刀　　　　内圆用刀　　　　内角切削

平面切削　　　　　　内部切削

内直角清根切削　　　　　内面切削

图 9 - 13　常见刀具注释

1. 斜口刀的使用

斜口刀主要适用于切除底支撑、平面切削（如图 9 - 14 所示）以及转角的去除后处理。操作时刀口应紧贴于物体表面，用力均匀。

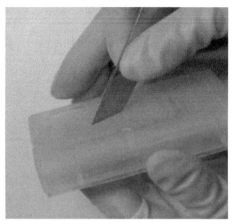

图 9 - 14　斜口刀

2. 圆弧刀的使用

圆弧刀主要适用于外圆弧（如图 9 - 15 所示）、内圆弧（如图 9 - 16 所示）以及曲面过渡。

图 9 - 15　外圆弧切削图　　　　　图 9 - 16　内圆弧切削图

3. 小斜口刀的使用

小斜口刀主要适用于小平面（如图 9 - 17 所示）、小转角、深槽（如图 9 - 18 所示）以及小的过渡平面。

图 9 - 17　小斜口刀切削小平面

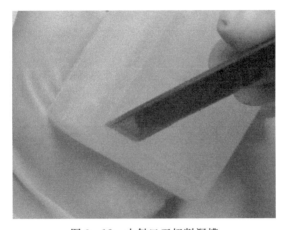

图 9 - 18　小斜口刀切削深槽

4. 平口刀的使用

平口刀主要适用于平面和台阶平面的切削,如图 9 - 19 所示。

图 9 - 19　平口刀切削深槽

9.2.3　刀具使用注意事项

(1)刀具在使用过程中应注意主刀刃与切削面的贴合角度。刀型的选择应以零件为主体,刀随零件型面走。

（2）主刀刃不应出现崩口或毛刺现象，如图 9 - 20 所示。这种带有缺陷的刀具会在工件表面留下条状痕迹，反而破坏了工件的统一平面。

（3）主刀刃在精磨后其切削刃不应出现弧度刃口，如图 9 - 21 所示。主刀刃应该是直线刃口，这种刀具不可能做出很好的平面。

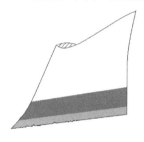 

　　　图 9 - 20　刀刃出现毛刺　　　　　　　　图 9 - 21　呈弧线状的刃口

（4）在切削过程中防止自伤。

（5）按图施工。先看图并测量零件，做到心中有数，手下有准。

（6）轻拿轻放。拿取零件和刀具时都应轻拿轻放。

（7）下刀由轻到重、均匀用力。

（8）平面刀压刀。修整平面时，应一刀压上一刀，连续修整，避免因下刀不均匀导致修出浅坑。

（9）曲面过渡要圆滑。

（10）保留零件特征。不要修掉细小的关键特征。

（11）注意配合面的配合修型。在装配时，需结合图纸，配合件的配合面配合修型，边修边试粘接面的定位准确。

9.3　实例

在了解了刀具的基本构成要素后，选择锯条钢材（如图 9 - 22 所示）试做几把型刀。选择一个首版样件，根据其外形特征，磨制一把随型刀具。写一份刀具制造报告，涵盖图纸、预案、实际与预案对比分析。

图 9 - 22　锯条

(1)选择刀坯。

(2)在刀坯上勾画所需外形轮廓。

(3)选择台式砂轮。

(4)粗磨外形。

(5)调整角度。

(6)细磨。

(7)精磨。

(8)完成。

练习题

1. 后处理刀具分几大类？

2. 画出几种常用手工刀具外型(不少于 6 种)。

3. 直接动手磨一把右把刀。要求：直观的反映出刀具的前角、后角、主副刀刃。

4. 刀具切削刃不应该出现什么缺陷？画图说明。

第 10 章 快速模具制造

10.1 制作硅胶模具的原材料

10.1.1 有机硅胶简介

1. 有机硅胶产品性能

有机硅胶产品的基本结构单元是由硅—氧链节构成的,侧链则通过硅原子与其它各种有机基团相连。因此,在有机硅产品的结构中既含有"有机基团",又含有"无机结构",这种特殊的组成和分子结构使它集有机物的特性与无机物的功能于一身。与其它高分子材料相比,有机硅产品的最突出性能如下。

(1)耐温特性

有机硅产品的热稳定性高,高温下(或辐射照射)分子的化学键不断裂、不分解。有机硅不但可耐高温,而且也耐低温,可在 −60—360℃一个很宽的温度范围内使用。有机硅胶无论是化学性能还是物理机械性能,随温度的变化都很小。

(2)耐候性

有机硅产品的主链为 —Si—O— ,无双键存在,因此不易被紫外光和臭氧所分解。有机硅具有比其它高分子材料更好的热稳定性以及耐辐照和耐候能力。有机硅中自然环境下的使用寿命可达几十年。

(3)电气绝缘性能

有机硅产品都具有良好的电绝缘性能,其介电损耗、耐电压、耐电弧、耐电晕、体积电阻系数和表面电阻系数等均在绝缘材料中名列前茅,而且它们的电气性能受温度和频率的影响很小。因此,它们是一种稳定的电绝缘材料,被广泛应用于电子、电气工业上。有机硅除了具有优良的耐热性外,还具有优异的拒水性,这是电气设备在湿态条件下使用具有高可靠性的保障。

(4)生理惰性

聚硅氧烷类化合物是已知的最无活性的化合物中的一种。它们十分耐生物老化,与动物体无排异反应,并具有较好的抗凝血性能。

(5)低表面张力和低表面能

有机硅的主链十分柔顺,其分子间的作用力比碳氢化合物要弱得多,因此,比同分子量的碳氢化合物黏度低、表面张力弱、表面能小、成膜能力强。这种低表面张力和低表面能是它获得多方面应用的主要原因,疏水、消泡、泡沫稳定、防粘、润滑、上光等各项优异性能。

2. 有机硅的分类

有机硅主要分为硅橡胶、硅树脂、硅油三大类。硅橡胶主要分为室温硫化硅橡胶、高温硫化硅橡胶。

室温硫化硅橡胶按其包装方式可分为单组分和双组分室温硫化硅橡胶,按硫化机理又可分为缩合型和加成型。因此,室温硫化硅橡胶按成分、硫化机理和使用工艺不同可分为三大类型;

①即单组分室温硫化硅橡胶;

②双组分缩合型室温硫化硅橡胶;

③双组分加成型室温硫化硅橡胶。

这三种系列的室温硫化硅橡胶各有其特点:

单组分室温硫化硅橡胶的优点是使用方便,但深部固化速度较困难;

双组分室温硫化硅橡胶的优点是固化时不放热,收缩率很小,不膨胀,无内应力,固化可在内部和表面同时进行,可以深部硫化。

双组分室温硫化硅橡胶可在 $-65-250$ ℃ 温度范围内长期保持弹性,并具有优良的电气性能和化学稳定性,能耐水、耐臭氧、耐气候老化,加之用法简单,工艺适用性强,因此,广泛用作灌封和制模材料。各种电子、电器元件用室温硫化硅橡胶涂覆、灌封后,可以起到防潮、防腐、防震等保护作用,可以提高性能和稳定参数。双组分室温硫化硅橡胶特别适宜于做深层灌封材料并具有较快的硫化时间,这一点是优于单组分室温硫化硅橡胶之处。双组分室温硫化硅橡胶硫化后具有优良的防粘性能,加上硫化时收缩率极小,因此,适合于用来制造软模具,用于铸造环氧树脂、聚酯树脂、聚苯乙烯、聚氨酯、乙烯基塑料、石蜡、低熔点合金等的模具。此外,利用双组分室温硫化硅橡胶的高仿真性能可以在文物上复制各种精美的花纹。双组分室温硫化硅橡胶在使用时应注意:首先把胶料和催化剂分别称量,然后按比例混合。混料过程应小心操作以使夹附气体量达到最小。胶料混匀后(颜色均匀),可通过静置或进行减压除去气泡,待气泡全部排出后,在室温下或在规定温度下放置一定时间即硫化成硅橡胶。

双组分室温硫化硅橡胶硅氧烷主链上的侧基除甲基外,可以用其它基团如苯基、三氟丙基、氰乙基等所取代,以提高其耐低温、耐热、耐辐射或耐溶剂等性能。同时,根据需要还可加入耐热、阻燃、导热、导电的添加剂,以制得具有耐烧蚀、阻燃、导热和导电性能的硅橡胶。

双组分室温硫化硅橡胶硫化反应不是靠空气中的水分,而是靠催化剂来进行引发。通常是将胶料与催化剂分别作为一个组分包装。只有当两种组分完全混合在一起时才开始发生固化。

双组分缩合型室温硫化硅橡胶的硫化时间主要取决于催化剂的类型、用量以及温度。催化剂用量越多硫化越快,同时搁置时间越短。在室温下,搁置时间一般为几小时,若要延长胶料的搁置时间,可用冷却的方法。双组分缩合型室温硫化硅橡胶在室温下要达到完全固化需要一天左右的时间,但在 150℃ 的温度下只需要 1 小时。通过使用促进剂进行协合效应可显著提高其固化速度。

双组分加成型室温硫化硅橡胶的硫化时间主要决定于温度,因此,利用温度的调节可以控制其硫化速度。双组分加成型室温硫化硅橡胶有弹性硅凝胶和硅橡胶之分,前者强度较低,后者强度较高。它们的硫化机理是基于有机硅生胶端基上的乙烯基(或丙烯基)和交链剂分子上的硅氢基发生加成反应(氢硅化反应)来完成的。在该反应中,不放出副产物。由于在交链过程中不放出低分子物,因此加成型室温硫化硅橡胶在硫化过程中不产生收缩。这一类硫化胶无毒、机械强度高、具有卓越的抗水解稳定性(即使在高压蒸汽下)、良好的低压缩形变、低燃烧性、可深度硫化,以及硫化速度可以用温度来控制等优点,因此是目前国内外大力发展的一类硅橡胶。

硅橡胶型号:美产 T4,日产 1201,国产 107 等。

10.1.2　有机硅胶的用途

有机硅胶具有上述这些优异的性能,因此它的应用范围非常广泛。它不仅作为航空、尖端技术、军事技术部门的特种材料使用,而且也用于国民经济各部门,其应用范围已扩到纺织、汽车、机械、皮革造纸、化工轻工、金属和油漆、医药医疗等行业。

(1)建筑:软管接头,电缆附件等。

(2)电子电气:电脑,手机,遥控装置和其它控制器的键垫和键盘。

(3)日用品:高档奶嘴,潜水面罩、高压锅 O 型密封圈,硅橡胶防噪音耳塞等。

(4)医药医疗:①硅橡胶胎头吸引器:操作简便,使用安全,可根据胎儿头部大小变形,吸引时胎儿头皮不会被吸起,可避免头皮血肿和颅内损伤等弊病,能大大减轻难产孕妇分娩时的痛苦。

②硅橡胶人造血管:具有特殊的生理机能,能做到与人体"亲密无间",人的机体也不排斥它,经过一定时间,就会与人体组织完全相溶结合起来,稳定性极好。

③硅橡胶鼓膜修补片:其片薄而柔软,光洁度和韧性都良好,是修补耳膜的理想材料,且操作简便、效果颇佳。

此外还有硅橡胶人造气管、人造肺、人造骨、硅橡胶十二指肠管等,功效都十分理想。随着现代科学技术的进步和发展,硅橡胶在医学上的用途将有更广阔的前景。

(5)快速模具。

10.1.3　模具用硅橡胶应具备的特性

模具硅胶有透明和不透明之分。在快速模具制造中,为了更快、更精准的开出合格的模具,首选透明硅橡胶。而简单几何形的首版,可以选择非透明硅橡胶制造。

传统的模具制造方式周期长、成本高。而硅橡胶模具是一种快速模具制造方法。由于硅橡胶具有良好的柔性和弹性,能够克隆结构复杂、花纹精细和具有一定倒拔模斜度的零件。硅橡胶快速模具制作周期短,制件质量高,可在短期内获得多个零件,以满足前期的研发验证工作。

模具用硅橡胶应具备变形小、耐高温、耐酸碱、膨胀系数低的特点。收缩率低,表面分子惰性强,复模次数多,模具硅胶收缩率在百分之二。抗拉力、弹力好,撕裂度好,不仅能使产品漂亮,而且能使产品不变形。硅胶耐高温在 200 ℃ 都没有问题,零下 −50 ℃ 模具硅胶仍然不脆,依然很柔软,仿真效果非常好,是 POLI 工艺品、树脂工艺品、灯饰、蜡烛等工艺品的复模及精密的模具原料。

模具硅胶、矽胶,统称双组份室温硫化硅橡胶,它具有优异的流动性(硫化前约等于 15000—25000 厘泊),良好的操作性,室温下加入固化剂 2％—10％,30 分钟还可操作,2—3 小时后生成模具,其固化后的萧氏硬度(SHore A)从 10—60 不等,抗拉强度达 4—6 MPa,抗撕裂强度为 5—23 kn/m。

硅橡胶在没添加固化剂前是一种糊状流动性半透明或不透明物体。在按比例添加固化剂搅拌均匀抽真空去除气泡后,倒入模框。硅橡胶会在所有空间包裹住母件。待固化后开模即可得到所需要的模具制造,硅胶模具寿命通常在 10—20 件的复模数量。

透明硅橡胶模具,在开模、制模、零件制造过程中可清晰看到模具内情况,可以方便的随时掌握工作进展状态。不与浇注树脂发生化学反应,易脱模。保质期较长,性价比高。

10.1.4　快速模具用脱模剂的要求

(1)对模具无侵蚀作用。

(2)形成的保护膜应有效地阻隔反应材料对模具的侵蚀,有效的保护模具。

(3)不参与材料反应。

(4)成膜均匀、光滑、厚度一致性强。

(5)耐热,不会受热流淌、积聚。

(6)无毒、无侵蚀。

(7)操作技术要求一般,适应普遍无训练即可。

(8)价格适宜,来源充沛。

(9)固化后的萧氏硬度(SHore A)从 10—60 不等,软硬适度可调,适合零件脱离模具,也适合粗放式操作和管理。

下文我们主要讲解基于增材制造基础上的硅橡胶快速模具(间接模具)。其它材料首版模具的制造也可以通过此类制造工艺达到。

10.2　真空浇注成型

为了满足前期研发工作的不同测试,我们需要通过制作硅橡胶模具来获得多个相同的零件。增材制造成型件一般是母件,而母件在行业里统称为首版。由于增材成型件在实际应用中受其原材料的制约,无法完成某些特殊的新产品功能性验证,对产品的功能性验证有一定的制约。为了更合理的检验产品,我们将使用真空注型机制作硅橡胶模具来获得多个实用性能相同的零件。真空注型机就是为制作小批量产品使用的专业设备。真空注型设备外形图片如图 10-1 所示。通过真空注型机,我们可以快速获取多个快速模具和性能类似 ABS 塑料的产品零件。

图 10-1　真空浇注成型设备

10.2.1　概念

在硅橡胶模具制作时,双组分硫化硅橡胶使用前需要按一定的比例混合胶体和固化剂。液体本身中溶解了一些空气,在胶体和固化剂混合搅拌的过程中又会夹杂一些空气进入混合液中,如不将硅橡胶液中的空气排出,硅橡胶固化之后就会有很多气泡留在硅橡胶模具之中。硅橡胶模具中残存气泡会造成硅橡胶模具的物理特性下降,从而影响到硅橡胶产品的使用寿命。如果模具的表面存在气泡造成的孔洞,还会影响到模具表面质量,在翻模的时候会直接影响到产品质量,导致模具与产品粘连、模具或制品充填不满、表面不平等。

通过真空注型设备抽真空处理可排出液体中的气泡(脱泡)。脱泡过程在制模过程中很重要。如在真空状态下进行脱泡、搅拌和注型工作,可有效减少硅橡材料中的气泡,避免其影响硅橡胶模具的质量。

抽真空处理一般分为模前抽真空处理和模后抽真空处理。所谓模前抽真空就是调制好硅橡胶后还没有进行制模操作的时候对硅橡胶进行抽真空处理。只针对硅橡胶的抽真空比较容易实现,对抽真空用具的要求比较低。因为硅橡胶在抽真空脱泡后,在制模过程中还可能夹杂气泡。

模后抽真空处理就是指硅橡胶已经用于模具制作后的抽真空处理,比如灌注模操作时硅橡胶已经倒入模槽了。这样操作能够更好地保证模具质量,因为模后抽真空处理是将制模的产品和成型中的硅橡胶一起抽真空的,基本上可以抽干所有的气泡。但是模后抽真空对设备的要求较高,需要容量比较大的抽真空机。真空浇注成型,也称真空复模。一般用快速成型件或现有实物作母件,通过使用真空浇注成型设备制作硅橡胶模具来获得多个实用性能相同的零件。

10.2.2　真空注型的技术特点和用途

1. 真空注型设备(真空复模机、真空注型机)技术特点

缩短新产品的开发周期、减少开发费用、降低开发风险、成本低廉、操作简单、占地空间小、对原型产品复制不受产品的复杂程度限制,在真空状态下进行脱泡、搅拌和注型工作,能够复制出高品质的产品。

2. 真空注型机用途

广泛应用于汽车、家电、玩具、电子电器等精密铸造领域的小批量产品的生产和试制;硅胶、液体橡胶、各种液体树脂的脱泡或注型工作;各种模型产品的小批量生产;石蜡真空浇注(精密铸造)工作;轮胎铝模前期制作以及石膏模制作等。

真空注型机是制造快速模具、快速零件的工艺保证。

10.2.3　真空浇注箱和浇注系统

真空浇注成型设备外形如图 10-1 所示,内部结构如图 10-2 所示。通过真空浇注成型的方法,可以快速制作硅橡胶模和产品。

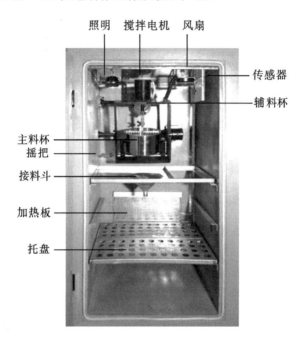

图 10-2　真空注型设备内部结构

在液态硅橡胶中加入固化剂后一段时间内,其黏度和流动性基本上不发生变化,将其放入真空浇注成型机真空室中一边搅拌一边抽真空,使固化剂和硅橡胶充分地均匀混合,使硅橡胶中的空气泡及时排出,然后在真空状态下进行浇注制作硅橡胶模。

1. 使用真空浇注成型设备浇注硅橡胶模过程

(1)硅橡胶模预热应在 25—70 ℃之间(根据不同硅橡胶材料)。

(2)浇注控制温度应在 25 ℃以上(以厂商提供数据为准)。

(3)硅橡胶模固定,并让浇注口与料杯对好。

(4)配好双组份浇注料。

(5)将料杯与搅排固定。

(6)关门及关闭隔膜阀,启动真空泵及搅拌器,分别搅拌 A、B 料一分钟左右,然后将辅料倒入主料杯中,在规定时间停止真空泵及搅拌器。

①缓慢倾倒注模,当所有冒口冒出浇料时,打开隔膜阀,恢复大气压。

②将模具及时放置在水平桌上,在规定时间脱模。

2. 真空浇注机面板

真空浇注机面板(见图 10 - 3)上一般都有温控器、定时器等仪表和一些按钮等,这些常见仪表和铵钮的功能如下。

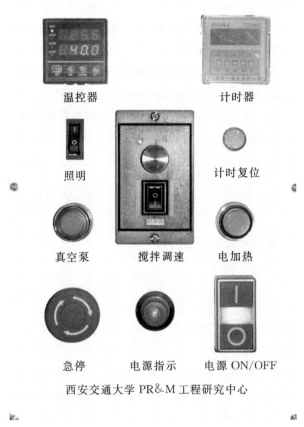

温控器　　　　　　　　　　计时器

照明　　　　　　　　　　计时复位

真空泵　　　搅拌调速　　　电加热

急停　　　电源指示　　　电源 ON/OFF

西安交通大学 PR&M 工程研究中心

图 10 - 3　真空浇注机面板

(1)电源指示:指示系统是否有电。

(2)急停按钮:遇到紧急情况按下该按钮,按钮自锁,切断除电源指示灯外的所有工作电源。顺时针旋可释放该按钮。

(3)温控器:硅橡胶材料和浇注用树脂需要按其材料要求加热和保持一定温度。真空浇注设备的电加热器接通后真空室的温度上升,当真空室的温度上升到设定温度时,温控器会自动恒温。

(4)定时器:定时器是个时间继电器,在搅拌和抽真空时用于计时。

(5)真空泵按钮:实现抽真空操作。

(6)搅拌器按钮:用于搅拌混合浇注用的双材料,可调节搅拌器转速。

(7)照明开关:接通或关断真空室照明。

(8)压力表:指示真空室压力。

3. 真空浇注成型设备使用注意事项

(1)设备应可靠接地。中性线也要可靠连接,否则不能正常工作。

(2)每次使用完后应及时将残料清理并用丙酮或酒精清理料杯、搅排及漏斗。

(3)真空泵应保持清洁,防止杂物进入泵内;

(4)真空泵应定期加油,如果设备使用频繁,一个月应加一次油,一般情况下,三个月加一次油。加油时需加真空泵油。

(5)真空泵换油时,停泵拧下放油塞放油,注意放出的油温度可能高达 90℃左右。保持进气口打开状态,启动真空泵约 10 秒放掉泵内残油。检查放油塞密封圈是否残缺、破裂、变形,若有更换之。拧好放油塞,从注油口注入新油到要求的油位。如果泵油污染严重需经几次换油过程。

(6)搅拌主料杯中的料时,在料多的情况下,应低速启动搅拌电机,根据料的多少再调高转速。

4. 真空浇注成型设备故障及其消除

(1)极限真空不高及其消除

①油位太低,不能对排气阀起油封作用,有较大排气声,可加油。

②油被可凝性蒸汽污染引起真空度下降,可打开气镇阀除水净化或换新油。

③泵口外接管道,容器测试仪表管道、接头等漏气。大漏时,有大排气声,排气口有气排出,应找漏,消除之。

④吸气管或气镇阀橡胶件装配不当,损坏或老化,应调整或更换。

⑤油孔堵塞,真空度下降,可放油,拆下油箱,松开油嘴压板,拨出进油嘴,疏通油孔。尽量不要用纱头擦零件。

⑥真空系统严重污染,包括容器、管道等,应予清洗。

⑦旋片弹簧折断,应予调新。

⑧旋片、定子或铜衬磨损,应予检查,修整或调换。

⑨泵温过高,这不但使油黏度下降,饱和蒸汽压升高,还可能造成泵油裂解。应改善通风冷却,降低环境温度。如新抽气体温度太高,应予先冷却后,再进入泵内。

(2)漏油

①查看放油螺塞,油标油箱垫片是否损坏或装配不当,有机玻璃有无过热变

形,应调整、更换或降低油温。

②泵与支座的连接螺钉未垫好、未拧紧,油封装配不当或磨损也会漏油,但不会污染场地。不严重的可继续使用,严重的应更换油封、垫圈或调整装配。

(3)噪声

可因旋片弹簧折断、进油量增大、轴承磨损、零件损坏或消声器不正常而产生较大噪声,应检查、调整或更换。

10.3　快速模具制造

10.3.1　快速模具类范畴

快速模具分间接模具,直接模具,纯手工等几大类。

下面详细介绍快速模具类范畴。

图 10 - 4 为快速模具制造示意图。

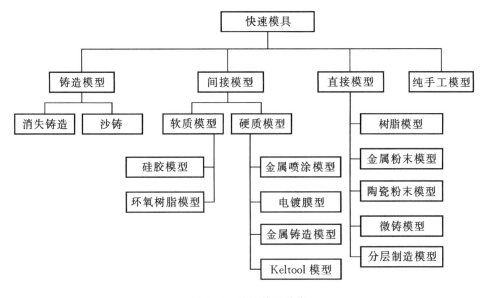

图 10 - 4　快速模具分类

1. 间接模具

(1)电铸法。

(2)环氧树脂模具。

(3)石墨电极。

（4）冷喷法。

（5）精密铸造。

（6）金属基树脂模具。

（7）硅橡胶模具。

2. 直接模具

（1）软质模具：

①激光成型模具；

②激光烧结型壳；

③三维打印模具；

④分层制模法；

⑤铸造法；

⑥低压反应注射成型。

（2）硬质模具：

①快速精铸法；

②熔模铸造法；

③快速成型电极制造金属模具。

3. 纯手工

金属铝模具，环氧树脂模具等。

10.3.2　硅橡胶快速模具制造

1. 模具制造前期准备工作

（1）制造者必备素质

①制造者必须接受过专业技能培训，必须持有上岗证和专业认证证书。

②对即将制造的模具做到全面的解析和把握。

③制造者必须对即将选用的首版进行认证，确定技术要求达到指标，方可进行硅胶模具的制造。

④制造者必须对制作的模具设定预见性的制造工艺，并预设应急方案和应变措施。

⑤设定开模线、浇道口、冒口、支撑点。

（2）模具前期准备工作

①辅助工具和耗材：制作模框的塑料板（厚度不低于 2 mm）、万能胶、橡皮泥、脱模剂、封箱胶带、钢尺、电子秤、计算器、ABS棒（长度＞50 mm，φ5—10 mm，视模具大小选择）、塑料容器、搅拌棒、气针、专用开模钳、手术刀定位钢柱（直径不小于

2 mm）、牙签等。

②再次检查、确认母样。母件必须达到制作模具的质量要求后才能下模。

③确保工作应需品到位。

（3）设备准备工作

①确保制作模具电器部分正常。

②验证真空注型机机械操作部分正常。

③验证密封部分正常。

（4）工作场地准备工作

①确保工作场地无障碍。

②确保安全、照明正常。

2. 硅橡胶模具制作前首版的准备工作

（1）确定零件的分模线（如图 10-5 所示）。

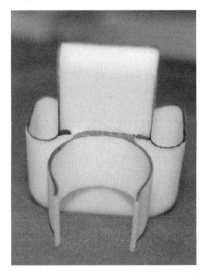

图 10-5　确定零件的分模线

（2）标识分模线。

分模线可以标识或用有色胶带沿分模线贴一圈（如图 10-6 所示）

（3）预处理零件在模具中（如图 10-7 所示）。

零件存在的通孔和盲孔（如图 10-8 所示）。

（4）准备预埋定位或工艺用镶嵌件。

（5）预设浇道口和冒口（如图 10-9 所示）。

（6）确定零件在模具中的位置（如图 10-10 所示）。

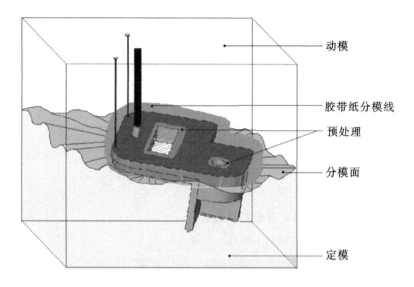

图 10 - 6   标识分模线

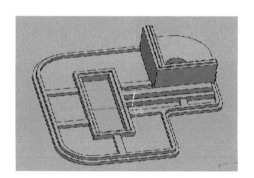

图 10 - 7   预处理零件

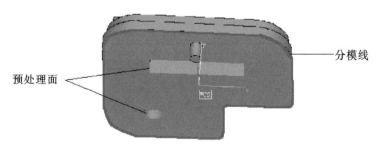

图 10 - 8   通孔和盲孔

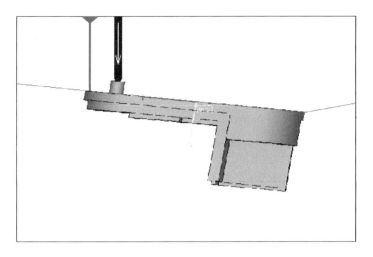

图 10 - 9　预设浇道口和冒口

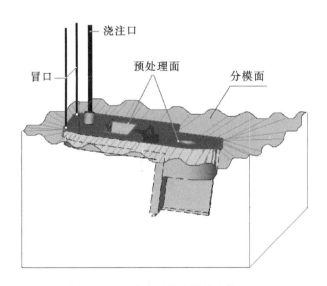

图 10 - 10　确定零件在模具中位置

3. 首版的定位方式

(1)利用浇道口支撑零件,如图 10 - 11 所示。

(2)利用排气道支撑型。

(3)悬挂型。

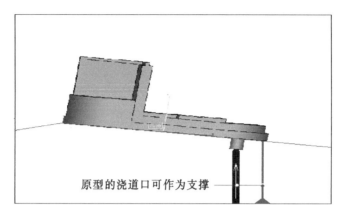

原型的浇道口可作为支撑

图 10-11　浇道口支撑零件

（4）直接摆放型。对于造型简单的零件，可以直接摆放于模框中间。

（5）利用分模线。利用分模胶带将零件固定在模框中间。

4. 定制模框

在原型件标识好分型线后，按原型件长＊宽＊高单边各放量 30—60 mm 做一个容器（见图 10-12 模框示意图），将原型件安放在容器正中间。这里需要注意的是，支撑一定要结实，以防在倾倒硅橡胶时将原型件压离固定位置。

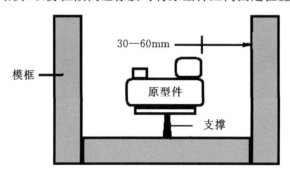

30—60mm

模框

原型件

支撑

图 10-12　模框示意图

完成制作前的准备工作后开始按硅橡胶模制作工艺制作模具。

10.3.3　硅橡胶模具制作工艺

硅胶模具制作工艺流程如下：准备首版→模框制作→固定首版→称量硅胶→硅胶搅拌抽真空→硅胶灌注→模具抽真空→模具固化→开模→完成组合模具。

1. 模具制造过程

在模具制造中室温应在 18—25 ℃之间(或真空室温度)。

(1)模框的制作与零件摆放。模框放入真空料斗下(对中,以保证原料不浪费),如图 10‑13 所示。

图 10‑13　模框的摆放

(2)称取预算硅胶量,在天平上严格按硅胶比例配置所需重量。

根据模具体积计算所需硅胶重量,计算公式为:

$$W = K * A * B * C + 10\% * D$$

式中:W 为硅胶重量,克;K 为硅胶比重,克/立方毫米,一般为 1.1—1.2;A 为模具长度,毫米;B 为模具宽度,毫米;C 为模具高度,毫米;D 为考虑硅胶粘壁等损耗因素的余量系数。加入按厂家提供比例的固化剂搅拌,并在真空室抽真空去泡,如图 10‑14 所示。

(3)将抽真空去泡的硅橡胶倒入模框,如图 10‑15 所示。

图 10‑14　硅胶胶抽真空

图 10‑15　硅像胶倒入模框

(4)将整个模框放入真空室脱泡,如图 10‑16 所示。

(5)将模具取出,水平放置在烘箱里等其固化,如图 10‑17 所示,待其固化后去模框。

图 10 - 16　模框脱泡

图 10 - 17　固化

2. 开模

开模所需的工具有：手术刀或自己制作的专业开模刀、分离助力钳、脱模剂、手电筒、台灯等。

（1）开模前注意事项。

①确保开模后合模时定位准确。

②切割模具行刀的要求是刀尖走直线，刀尾走曲线（如图 10 - 18 所示）。

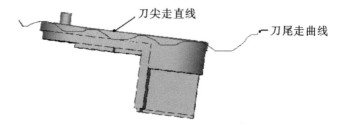
图 10 - 18　切割模具时行刀要求

③严格按预案正确控制开模时刀具的行走路线。

④确保零件在无受力或少受力的情况下顺利脱模（如图 10 - 19 所示）。

图 10 - 19　脱模

（2）模具在开模后需要必要的修正和保养。

确保浇冒口通道畅通，剔除由开模带来的瑕疵，避免影响合模错位、夹叠引起误差（如图 10 - 20 所示）。

图 10 - 20　开模后的修正和保养

（3）将组合好的模具放入真空室进行试注零件（如图 10 - 21 所示）。

图 10 - 21　零件试注

（4）打开模具，取出成型零件，检查零件缺陷，再次确定模具的可靠性（如图 10 - 22所示）。

图 10 - 22　零件成型

10.3.4　快速模具制造总结

(1)正确选择硅橡胶模型框尺寸(节约原料使用、控制成本)。

(2)正确选取分型面(保证零件的合格率)。

(3)保证材料混合均匀(避免模具报废)。

(4)正确控制开模刀行走路线(控制合模精度)。

(5)合理选择和正确开设排气通道(确保零件合格率)。

(6)合理控制硅橡胶可操作时间。

(7)按厂商提供的技术指标,控制固化温度。

10.4　硅胶模具的制作案例

10.4.1　案例一

以瓶盖做一个快速硅胶模具。

(1)模框的制作与零件摆放。

用 ABS 材料裁出 4 块围板,本例的瓶盖所需模框的边长大约为 10 cm。如图 10 - 23 所示。

图 10 - 23　裁剪模框　　　　　　　图 10 - 24　粘接浇道口

(2)将浇道口粘结到瓶盖底部,如图 10 - 24 所示,为下一步固定零件做准备。同时,也为后面浇注零件的浇道做了预留准备。粘结好的浇道如图 10 - 25 所示。

(3)将零件粘结到模框的底板上,如图 10 - 26 所示。

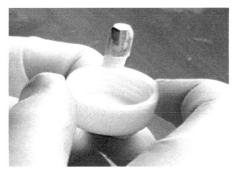

图 10-25　粘接好的浇道口

图 10-26　粘接零件到底板

(4)用胶棒将围框粘在底板上,如图 10-27、图 10-28 所示。

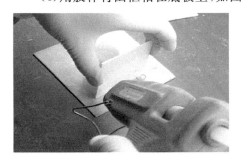

图 10-27　粘接围板

图 10-28　拼接好围框

(5)将液态硅胶倒入量杯中,把量杯置于真空注型机真空腔中的杯架上。并将搅排固定于杯架上,如图 10-29 所示。

图 10-29　称料—加固化剂—固定料杯

(6)将固定好零件的模框放置在真空腔的平台上,对准料杯的下方,如图 10-30所示。启动机器,腔内抽真空,待硅胶充分搅拌、脱泡后,将料杯中的硅胶均匀地倒入下方的模框中。然后,将真空腔解压,得到注有硅胶的模框,如图 10-31 所示。

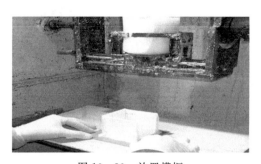

图 10-30　放置模框

图 10-31　注好硅胶的模框

(7)将模框放入 70 ℃的烘箱使之固化,如图 10-32 所示,取出后在常温放置一段时间,使硅胶完全冷却、硬化。

图 10-32　放入烘箱后固化

(8)手工将围板拆去,如图 10-33 所示,得到完整的硅橡胶模块,如图 10-34 所示。

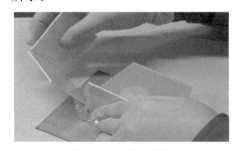

图 10-33　拆去围板

图 10-34　拆去围板后的模块

（9）用记号笔沿硅橡胶模块一周画一条波浪记号线，如图 10 - 35 所示。

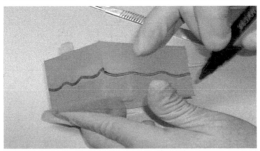

图 10 - 35　画出波浪线

（10）用开模刀、开模钳沿标记线慢慢将硅胶模分开，注意尽量按波浪线分，便于之后合模能够咬紧。开模刀的使用如图 10 - 36 所示，开模钳的使用如图 10 - 37 所示。

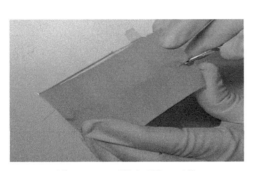

图 10 - 36　利用开模刀开模

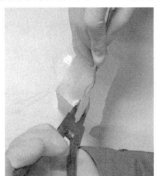

图 10 - 37　利用开模钳开模

（11）模具分开，如图 10 - 38 所示，取出原零件，如图 10 - 39 所示，在有螺纹的一面喷上分型剂，便于注出的零件脱模，如图 10 - 40 所示。

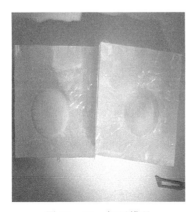

图 10 - 38　打开模具

图 10 - 39　取出原零件

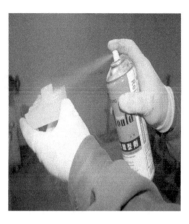

图 10 - 40　喷分型剂

　　到此整个模具制作完成,在全程的工艺链接制作中,制造者应具备操控一切的成熟技术,同时更应该具备应急处理事务的技巧和预判性。

10.4.2　案例二

　　如图 10 - 41 所示,做一个经济型模具。

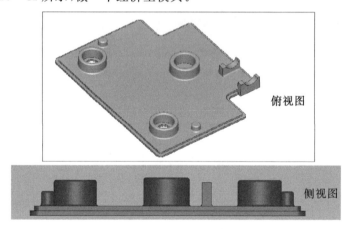

俯视图

侧视图

图 10 - 41　模具示意图

　　(1)做好模框,在零件型面上贴一层保护膜——铝箔,然后用造型泥做一个型面厚度,如图 10 - 42 所示。
　　(2)用石膏做好定位、被衬层,如图 10 - 43 所示。
　　(3)等石膏固化干燥后,分开型面,剥去保护膜、造型泥,将零件表面清洁干净,开好浇道口合模,如图 10 - 44 所示。

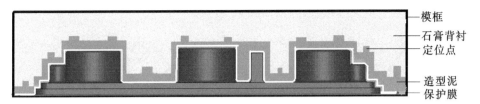

图 10-42 加保护膜和造型泥

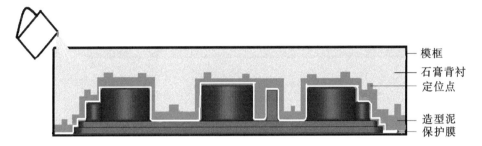

图 10-43 做石膏背衬

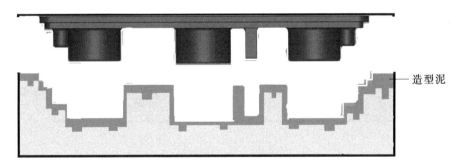

图 10-44 分开型面

(4)合模、翻转,放入真空箱,如图 10-45 所示。

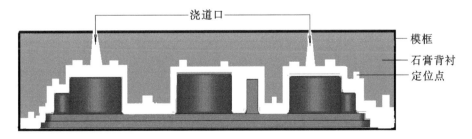

图 10-45 合模

(5)在真空下浇注硅橡胶,如图10-46所示。

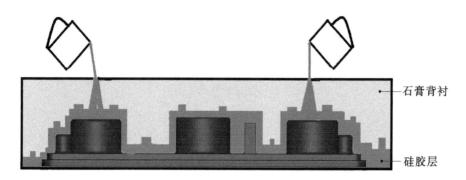

图 10-46 浇注硅橡胶

(6)待硅橡胶固化后,将模具翻转,重复(1)—(5)的程序,将动模做好,如图 10-47所示。

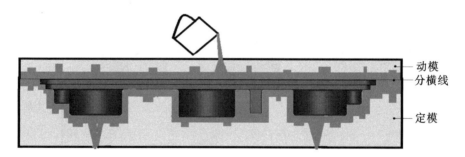

图 10-47 制作动模

(7)用真空技术或用低压注塑工艺做出成品,如图10-48所示。

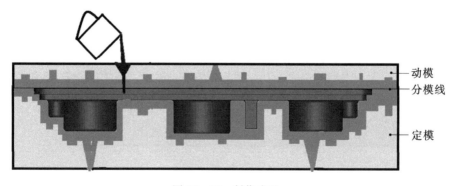

图 10-48 制作成品

10.4.3　案例三

以如图 10-49 所示零件做一套快速模具。

图 10-49　目标零件

(1)制作相应模框。

(2)零件定位。

(3)按分模线贴好保护膜。

(4)制作一个轴销。上下各露出孔径长度,其中在硅橡胶包埋的一端加工一道止退槽,如图 10-50 和图 10-51 所示。

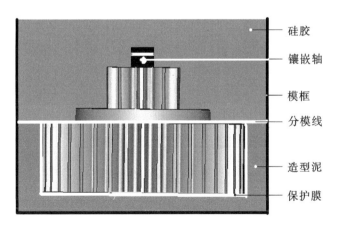

图 10-50　制作轴销

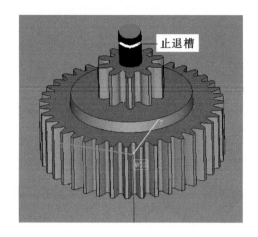

图 10-51　加工止退槽

（5）在真空下浇注硅橡胶。待硅橡胶动模固化后将模具翻转，拆除造型泥、保护膜，清洁零件，如图 10-52 所示。

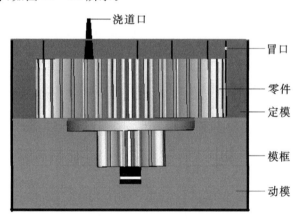

图 10-52　制作模具

（6）将准备好的浇道口、冒口预制件在零件预设地链接牢靠。

（7）在真空下浇注硅橡胶。

（8）待硅橡胶固化后，拆除围框，整理模具。

（9）在真空下做一个零件，以考核模具是否合格。

10.5　模具缺陷问题分析

1. 局部不固化

①一般来说首先考虑的是固化剂搅拌不均匀引起的局部缺损。

解决办法:注意杯沿和杯底的主料参与固化剂的搅拌。

②模具硅胶在遇到某些挥发性化学品时会引起固化滞后和不固化。

解决办法:零件在制模前应严格检查是否符合带有此类挥发性化学品。检验零件是否干燥,对于喷漆或喷油的零件应特别注意。

2. 气泡引起的零件缺陷

气泡可分为前期搅拌混入的空气气泡和反应性气泡两种。一般来说,发生在透明硅橡胶上的气泡可以直接观察到,而发生在不透明硅橡胶上的气泡有时从外表无法看到,只有将其剖开或采用其它手段才可能发现。气泡的出现会使得硅橡胶模具充真不满、表面产生缺陷,造成下一步在制造零件时产生大量的残次品。如图 10-53、图 10-54 所示,正确的选择首版摆放位置和方向面是至关重要的。

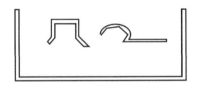

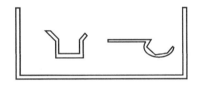

图 10-53　摆放错误　　　　　　　　　图 10-54　正确摆放

摆放零件是制造快速模具所要考虑的复杂因素之一。应避免兜住和聚压气泡的现象存在。特别复杂的零件应考虑预设排气流道。

练习题

1. 双组分室温硫化硅橡胶有几类?
2. 有机硅胶具有哪些优异的性能?
3. 模具用硅胶对脱模剂有哪些要求?
4. 模具制造前期应做哪些准备工作?
5. 硅橡胶模具制作前应做哪些首版准备工作?
6. 怎样秤取预算硅胶量?
7. 开模前注意事项是什么?
8. 模具局部不固化是如何产生的? 其主要原因是哪些? 如何防止?

第11章 硅胶模具快速零件制造

满足研发需求最快的方法就是用实物进行设计验证,然后为决策层提供决策佐证,以便为产品定型。验证的方法是按行业标准,进行基础验证、干涉验证、过定位验证、定位验证、功能验证、装配验证、触感验证、色彩验证、强度验证、跌落试验等。

11.1 简介

11.1.1 多个首版的获得方式

在理念意识指导下设计出产品图纸,或者是在电脑上通过专业软件设计出产品,这种设计分析只能停留在纸上谈兵的状态,而且需要大量的实际经验帮助,才能初步为产品定型,缺乏设计理念的关键元素,如真实色彩、触摸手感、外观美学等软性评价标准,所以需要辅助手段来加速研发。首版全面提升了产品研发的脚步,弥补了设计人员的产品考评指标,缩短了产品问世时间。

首版的获取渠道来源广泛,快速制造多个零件的方法有:R&P 直接生成模具、3D 打印模具、硅胶模具、电铸模具、CNC 方式、雕刻机、机加工、手工等方式。

(1)采用 R&P 直接生成模具,可直接生产出蜡型或低温塑料零件。

(2)电铸模具制作零件可满足小批量生产。

(3)CNC 加工方式现在成为首版市场的主力贡献力量。

(4)雕刻机目前为研发单位的必备设备之一。

(5)机加工可作为单件快速反应制造,其制造受一定的局限,一般作为辅助手段和后备方案。

(6)手工制造零件受约束小,加工快,但在技术指标方面不够精细。

(7)3D 打印模具可直接用作金属浇铸件或通过倒模获得多个浇铸模具和零件。

(8)硅胶模具是目前应用最广泛获得多个首版件的方法之一。其模具寿命在20 件左右,模具耐粗放式操作和管理,线性收缩率在 1% 左右,抗撕裂、抗变形能力强,从时间、价格、成本等综合因素考量,不失为经济型快速制造零件方法之一。本章介绍硅胶模具快速制造零件。

11.1.2　制造零件材料

制作首版所用的材料,按其性能可分为类塑料、塑料、金属、复合材料、建筑材料等几大类。

(1)类塑料原料为化学高分子双组份材料,其性能类似 PP、PC 等材料。

(2)金属首版原料为铝镁合金、铝合金等。

(3)弹性首版原料为聚氨酯、硅橡胶等。

(4)透明原料为类亚克力材料、透明硅胶类等。

(5)代用材料生成类等。

可供真空浇注选择的双组份材料有环氧类、聚氨酯类、弹性类等。由于原材料是化学高分子双组份材料,是通过聚合反应在模具内成型,零件内应力较少、成型快。由于其物理性能不是单质热塑性材料,其化学结构链不同,所以在评价真空注型、常压浇注、低压灌注的零件性能时,前面一定要冠以:性能类似字样(一般表达:类 ABS 性能、类 PP 性能等依此类推)。

制造零件用的原材料需具备:固化快、强度高、内应力小、韧性好、耐温高、复位性强、抗腐蚀、着色率好、便于打磨、便于抛光等特点。其物理性能具有:类似 ABS、类 PP、类 PMMA/PC 透明件、软橡胶件、耐高温(150 ℃)、防火、耐磨、耐电气性能等。

制造零件材料的选择需按客户产品的技术要求来进行。

材料浇注的形式有:真空浇注、常压浇注、低压灌注等方法。

11.2　制造零件前的准备工作

1. 模具准备部分

(1)清理并整修模具,给模具做常规维护。

(2)固定好硅胶模具。注意合模精度、合模锁紧力,以防错位。

(3)放入烘箱加热。一般按厂家提供的说明书要求控制温度。

(4)在加热完成,进入真空箱后,连接好浇注系统。

2. 设备准备部分

(1)确保所用设备机械、仪表正常(见图 11 - 1—图 11 - 5)。

图 11-1　真空注型机

图 11-2　分流头

图 11-3　一枪多模头

图 11-4　天平

图 11-5　烘箱

(2)真空浇注室温度控制在 22 ℃左右(以厂商提供数据为准)。

(3)真空箱内干净整洁,无障碍物。

3. 部分工具准备

(1)耗材:各型号胶带纸、脱模剂、一次性胶手套等。

(2)电子秤、锁紧用扳手、计算器、斜口钳、剪刀、平口钳、尖嘴钳、美工刀、顶出杆等常用工具(见图 11 - 6—11 - 27)可靠、能用。

图 11 - 6　斜口钳

图 11 - 7　尖嘴钳

图 11 - 8　分模钳

图 11 - 9　一字螺丝刀

图 11 - 10　护手霜

图 11 - 11　切割刀片

图 11 - 12　记号笔

图 11 - 13　剪刀

图 11-14　电筒

图 11-15　组合螺丝刀

图 11-16　内六角板手

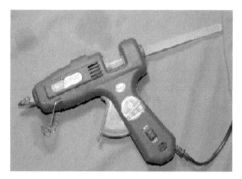

图 11-17　热胶枪

图 11-18　卷尺

图 11-19　料杯

图 11-20　模具用胶带

图 11-21　脱模剂

图 11-22　铜刷

图 11-23　单罐防素口罩

图 11-24　计算器

图 11-25　电吹风

图 11-26　一次性胶手套

图 11-27　模框板

(3)确保工作场地、工作台无障碍,干净整洁。

4. 原材料准备部分

(1)确定、确保 AB 料在保质期内,无变质。

(2)根据样件体积计称量出树脂用量,需要预处理的按厂家要求准备。

5. 制作者准备部分

(1)工作人员穿戴好必需的保护服装、防飞溅眼镜等。

(2)主操作者必须掌控工艺顺利进行。

(3)针对在工艺执行中常见的突发问题,进行预防性准备措施。

(4)在关门抽真空前,确保模具、原料、搅排等主要关联功能正常。

11.3　零件制造

11.3.1　零件制造流程

(1)审核模具;

(2)清理、修正模具;

(3)给模腔涂覆脱模剂;

(4)锁紧模具;

(5)加热模具(腔体温度达 70 ℃时恒温 30 分钟);

(6)放入真空室;

(7)连接好浇注系统;

(8)放入主、副料杯;

(9)关紧真空室门;

(10)抽 10—15 分钟真空(表压达到−0.94—0.97 MPa 左右);

(11)将副料杯中之原料倒入主料杯,并开始计时,快速搅拌,在可操作时间内快速将混合好的 AB 料导入到硅胶模具内腔,释放真空压力,等回到大气压,开门,将模具水平放置于烘箱中,在规定时间取出,冷却到腔内略高于室温即可开模;

(12)解除模具锁紧力,取出零件;

(13)重复程序(1)开始新一轮的制作。

11.3.2　零件制造工艺要点

(1)室温应在 18—25 ℃之间。

(2)硅胶模预热应在 25—70 ℃之间(根据不同硅胶材料)。

(3)制作用双组份材料温度按厂家要求进行前期处理。

(4)将料杯、辅料杯、搅排分别固定。

(5)关门及关闭隔膜阀,启动真空泵及搅拌器,按厂家提供的预抽真空时间计时。

(6)分别搅拌 A、B 料,然后将辅料倒入主料杯中,在规定时间停止真空泵及搅拌器,稍等消泡。

(7)缓慢倾倒注模,当所有冒口冒出浇料时,打开隔膜阀,恢复大气压。

(8)将模具及时放置在烘箱里,在规定时间脱模。

11.3.3　真空浇注箱和浇注系统

真空箱是成型工艺的关键保障。制作零件的所有操作都将在真空箱内进行,真空箱外有必要的监测仪表,控制手柄与箱内有关机构链接,以操作制造过程。

真空箱是保证制造工艺的关键,当真空度未达到其指标时,将对双组份材料形成化学反应制约,造成化学反应滞后,部分双组份混合材料在模具腔体内持续未完成反应,形成反应型固化,这样使制造的零件废品率居高不下,最高可达95%。所以在制作前准备工作时,建议先试做一个小零件。

(1)考核真空浇注设备的各项指标。

(2)考核模具浇注系统。

(3)考核原材料性能。

(4)综合考察联动配合性能。

这样,在接下来的制作中能保证零件制作成功率在70%—95%之间。

图11-28中白色部分是浇注系统,以示与真空系统有所区别。浇注系统是制造零件的成败所在,有关浇注系统的探讨除了需要理论上的封闭流体力学分析,也需要实际经验的累积结合。

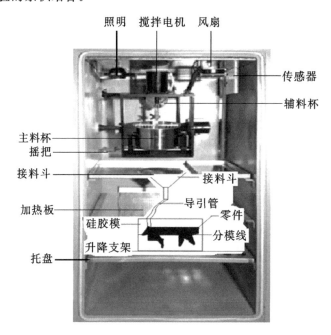

图11-28　真空浇注系统示意图

11.3.4　真空成型件后处理

复制零件后处理步骤:

切割浇冒口→去飞边→表面处理打磨→补缺→喷漆→打磨→质量检验→包装→交付。

11.3.5　首版零件制作应注意的问题

(1)正确选择零件用料。

(2)精确量取双组份用料。

(3)保证材料预加热的均匀性和时间。

(4)精确控制混合时间。

(5)精确控制浇注时间。

(6)精确控制放气时间。

(7)合理控制树脂固化时间。

(8)控制开模时间。

(9)控制开模力。

(10)控制零件取出力。

(11)防止零件滑落、磕、碰、压等非常规做法。

11.3.6　零件缺陷问题分析

零件缺陷主要为零件成型以后达不到硬度,局部气泡以及浇注不满的情况。

1. 零件成型以后达不到硬度

首先考虑主料的配比是否正确;固化时间;固化温度。

2. 局部气泡

真空度是否达到指标;浇注是否过快;材料是否快过期而内有水分、溶剂和易挥发物等;排气口孔径是否过小;排气口是否通畅(排气不良)。

3. 浇注不满

操作时间是否准确;料的配比是否正确;浇注的材料不够;浇口过小、位置不当;设备的真空度不够,模具内不能形成真空;材料黏度与浇道口是否相配。

如图 11-29 所示,AB 料混合不匀,导致在零件上出现下半部半透明,上半部正常的现象。其半透明部分的材料性能不能达标,造成零件报废。

如图 11-30 所示,A 处和 B 处为正常飞边,C 处为合模错位、锁紧力不匀导致零件有大的错位,D 处为冒口开设位置不到位而导致零件缺陷,经过调整后可消除。

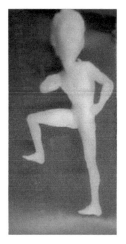

图 11 - 29 　AB 料混合
不均匀零件

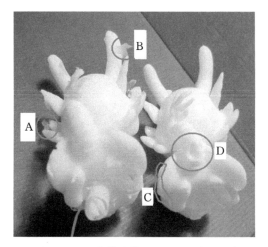

图 11 - 30 　合模错位、冒口开设位置不当
导致的缺陷零件

如图 11 - 31 所示很明显的是由于模具错位或人工合模施力不匀而导致的局部错位,但这种错位在后处理时还可以补救回来。在工艺品方面还可以达标,在工业产品的检测中会被淘汰。

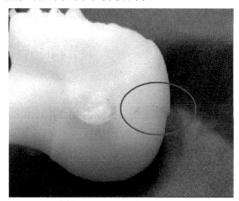

图 11 - 31 　模具错位缺陷零件

图 11 - 32 　混色零件

如图 11 - 32 所示为原料混色制作出的零件,在切除浇、冒口、飞边后,不能打磨,不能修补,直接成品,难度比较大。原料混色制作的零件在后处理时如果进行了不当的打磨,就会出现如图 11 - 33 所示样件表面颜色不均的废品。

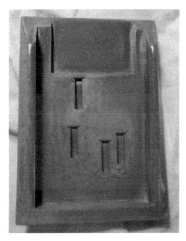

图 11 - 33 表面颜色不均样件

图 11 - 34 原料原色制作的零件

如图 11 - 34 所示为原料原色制作的零件。材料性能类 ABS 材料,零件在制作后出现缺陷,可在后处理工序进行修补。

11.4 案例

(1)打开模具检查修正模具,如图 10 - 39 所示。

(2)给模具内腔喷洒脱模剂,如图 10 - 40 所示。

(3)锁紧模具,如图 11 - 35 所示。

(4)将合模后的模具放入烘箱,加热模具至 70℃后,保持 30 分钟,如图 10 - 32 所示。

(5)将加热好的模具放入真空室,连接好浇注系统,如图 11 - 36 所示。

图 11 - 35 合并硅胶模

图 11 - 36 放入真空注型腔

（6）按预算称取零件用料，如图 10 - 29 所示。

（7）将双组份原料放入真空室就位锁定，如图 11 - 37 所示。

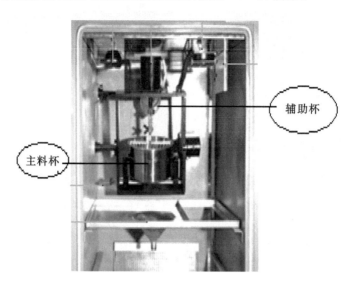

图 11 - 37　放入 AB 料

（8）关闭真空室门，关闭泄压阀，如图 11 - 38 所示。抽真空至额定真空度恒压 10 分钟左右。

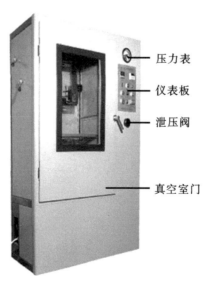

图 11 - 38　关闭真空室

（9）将 AB 料按照一定比例混合，经过搅拌、脱泡、倾倒等一系列过程，得到浇注好的模块。

（10）将浇注好的模块放入烘箱 2 小时。

（11）从烘箱内取出模具，冷却 10 分钟左右，拆去固定用的胶带，如图 11－39 所示。

（12）将硅胶模慢慢打开，如图 11－40 所示。

（13）将得到的新零件取出打磨，如图 11－41 所示，得到与原零件形状一模一样的新零件，如图 11－42 所示，图中左边为新制作的零件。

图 11－39　拆去胶带纸

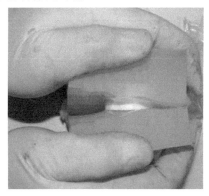

图 11－40　开硅胶模

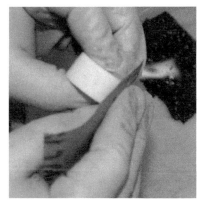

图 11－41　打磨零件

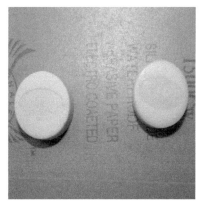

图 11－42　新零件与原零件对比

11.5　成品一览

图 11 - 43　成品一

图 11 - 44　成品二

图 11 - 45　成品三

图 11 - 46　成品四

图 11 - 47　成品五

图 11 - 48　成品六

图 11 - 49　成品七

图 11 - 50　成品八

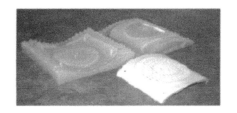

图 11 - 51　成品九

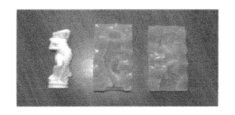

图 11 - 52　成品十

图 11 - 53　成品十一

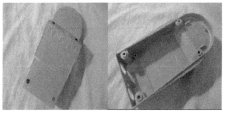

图 11 - 54　成品十二

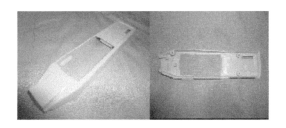

图 11 - 55　成品十三

图 11 - 56　成品十四

图 11 - 57 　成品十五

练习题

1. 怎样获得多个相同的首版？
2. 制造零件前应做哪些准备工作？
3. 制作者应该做的准备工作是哪些？
4. 为什么会出现零件错位？

第 12 章　低压反应注射成型

12.1　简介

RIM(Reaction Injection Molding),中文称低压反应注射成型,其原理如下:将两种液体原材料或两种以上液态单体或预聚物,以一定比例分别加到混合头中,经过定量、按比例混合后注入模腔,经化学反应,在模具中固化形成聚合体。

12.1.1　低压注射成型(RIM)工艺原理

RIM 反应注射成型是在常温常压下,通过双组份低压灌注设备,将原料加压,在低压状态下注入模腔。因所用原料是液体,可用较小压力(低于 1.0 MPa)即能快速充满模腔,其特点是降低了合模力、降低了模具造价、降低了模具保养等级、减化操作技术等。

低压反应注射成型设备在 0.4—0.5 MPa 的低压下将双组分聚氨酯材料用定量泵送入混合头,经撞击混合后再注入模具。混合后的双组分材料在模具内快速反应,进行聚合交联固化。为保证材料充分固化,减少制品变形,一般在注射完成后,需要将模具移到烘箱内进行后固化,约 1.5—2.0 小时后脱模得到制品。通常一副模具的制作周期为 3—4 天,可生产 100—500 件产品。按照工艺要求,模具和材料在注射前均应加热。由于双组分材料的固化反应,在成型过程的初始阶段,整个反应体系的温度还将进一步上升,出现放热现象。

低压反应注射成型使用的材料主要以聚氨酯材料为主。改变材料的混合比例,可获得不同的材料弹性模量,从而得到所需要的材料特性。固化后的材料物理性能类似于普通热塑性材料 ABS、PP 或 PS,适合于较大壁厚(>4 mm)及不均匀壁厚制品的生产。

12.1.2　低压反应注射设备

低压反应注射成型设备如图 12-1 所示,设备工作原理如图 12-2 所示。

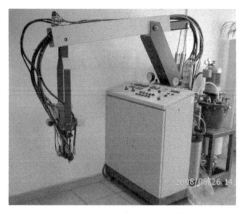

图 12-1　低压反应注射设备

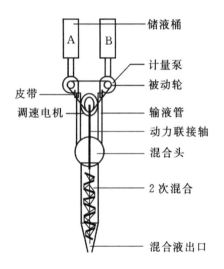

图 12-2　低压灌注设备工作原理示意图

12.1.3　低压反应注射机工作流程

　　低压反应注射成型机具有计量精确,混合均匀、数字显示、性能可靠、自动化程度高等优点。动作由微机程序控制,并可在不停机状态下根据需要进行工艺的调整。

　　其工作原理为:将预先配制好的两组份(或多组份)液体原料经计量泵以一定的配比送入混合头混合,然后连续灌注到模具内反应固化成型。配比调整由泵速改变来实现,注入量由泵的单位吐出量和注射时间来控制。

　　在模具闭合以后,由于环型弹簧的作用,树脂被推向喷嘴的前端,此时打开压力储罐的进气阀门,液体树脂受压而经输料管和注射喷嘴,注入加热至 13 ℃左右的模腔内;当模腔充满后,随注射压力的增大,锥形阀托起以至关闭放气孔,此时液态树脂充满模腔,受热并固化;树脂固化后,降低压力,这样输料管中的剩料在重力作用下卸回到储罐中等待第二次循环;然后开启模具,取出制品,清理模具,这一工作周期即宣告结束而转入下一成型周期。这一过程可简化为:贮存→计量→混合→充模→固化→脱模→后处理。

　　(1)贮存。RIM 工艺所用的两组分原液通常在一定温度下分别贮存在 2 个贮存器中,贮存器一般为压力容器。在不成型时,原液通常在 0.2—0.3 MPa 的低压下,在贮存器、换热器和混合头中不停地循环。对聚氨酯而言,原液温度一般为 20—40 ℃,温度控制精度为±1 ℃。

　　(2)计量。两组分原液的计量一般由液压系统来完成,液压系统由泵、阀及辅件(控制液体物料的管路系统与控制分配缸工作的油路系统)所组成。注射时还需经过高低压转换装置将压力转换为注射所需的压力。原液用液压定量泵进行计量输出,要求计量精度至少为±1.5%,最好控制在±1%。

　　(3)混合。在 RIM 制品成型中,产品质量的好坏很大程度上取决于混合头的混合效率,生产能力则完全取决于混合头的混合效率。一般采用的压力为 10 MPa左右,以获得较佳的混合效果。

　　(4)充模。反应注射物料充模的特点是料流的速度很高。为此,要求原液的黏度不能过高,例如,聚氨酯混合料充模时的黏度为 0.1 Pa·s 左右,流量控制:600 g/s。

　　(5)固化。聚氨酯双组分混合料在注入模腔后具有很高的反应性,可在很短的时间内完成固化定型。但由于塑料的导热性差,大量的反应热不能及时散发,故而使成型物内部温度远高于表层温度,致使成型物的固化从内向外进行。为防止型腔内的温度过高(不能高于树脂的热分解温度),应该充分发挥模具的换热功能来散发热量。

　　反应注射模内的固化时间,主要由成型物料的配方和制品尺寸决定。另外,反应注射制品从模内脱出后还需要进行二次热固化。

12.1.4　低压灌注成型零件工艺路线

　　如图 12-3 所示为低压灌注成型零件制作的工艺路线。

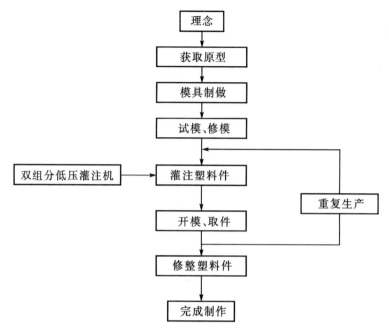

图 12-3 低压灌注成型工艺路线

12.2 低压灌注用料

低压灌注用料分模具用料和零件用料。

12.2.1 模具用料

模具主要用料有聚氨酯、铝、硅橡胶、环氧树脂、玻璃钢,以及混加(硅橡胶＋环氧树脂,聚＋氨酯＋玻璃钢)等。

(1)根据零件复制数量要求分类,选择经济型模具用料;

①石膏模(一次性使用);

②硅胶模(10—30件);

③环氧树脂模(50—500件);

④金属树脂模(100—1000件);

⑤金属表层模(500—5000件)。

(2)根据制作周期分类(在原型完成的条件下):

①石膏模(4小时);

②硅胶模(8小时);

③环氧树脂模(4 天);

④金属树脂模(4—6 天);

⑤金属表层模(7—10 天)。

(3)根据制作成本分类(以模具重量计算):

①石膏模(2 元/每公斤);

②硅胶模(30—200 元/每公斤);

③环氧树脂模(40 元左右/每公斤);

④金属树脂模(55 元左右/每公斤);

⑤金属表层模(90 元左右/每公斤)。

模具树脂选用(国产材料暂时不推荐):

类 ABS/PS——RIM875 黑色、灰白、深灰,RIM610 黄色(法国 AXSON);

类 PP/PE——RIM876 黑色、灰白,RIM826 黑色(法国 AXSON)。

模具树脂使用时的固定损耗:

产品在灌注时存在固定的损耗,其中主要的损耗来自模具工艺用料,由于每个模具工艺大致一样,所以用料损耗量跟模具大小没有关系,而是一个固定的损耗数量,损耗来自灌注出口料管内的存料和排料口溢料。固定损耗大致为 200 克/每一模具。

12.2.2 零件用料

零件用料有 PP、PU、ABS、透明、弹性、橡胶等性能类似的双组份材料(见表 12-1)。其中模具是采用了系列的聚氨酯树脂制作的。由于该材料非常低的收缩率(0.1%—0.5%)、高韧性及高回弹性更利于复杂结构塑料件的开模取件。

表 12-1 零件用料

品名		A 剂	XD4562A	5213-1A	5214A	5215A	5216A	5217A	5219A	5220A
		B 剂	XD4562B	5213-1B	5214B	5215B	5216B	5217B	5219B	5220B
重量混合比		A 剂	58	65	80	80	80	80	80	120
		B 剂	100	100	100	100	100	100	100	100
外观		A 剂	透明	棕色	棕色	黑色	黄褐色	黑色	黄褐色	黄褐色
		B 剂	透明	乳白色	白色	黄色	黄色	黄色	乳白透明	黑色
固比时间/秒	25 ℃		40 分	50-90	55-85	45-65	45-65	45-65	40-60 分	45-70
开模时间/分	25 ℃		90-120	15-30	10-15	10-15	15-20	10-15	16-18 时	15-20
线性收缩率 /%	500*50*5 (25℃)			0.4	0.3	0.5	0.65	0.44	0.06-0.2	0.1
成品耐温/℃ ISO75	-31 (Tg)		100	130	130	80	90	75	184	
特性			软性,透明,抗紫外线,具橡胶特性	防燃,极具 UL94V-OPP/ABA 特性	耐高温,具 PP/ABS 特性	耐高温,具 PP/ABS 特性	高韧性,耐冲击,可调色,具 PP/ABS 特性	高韧性,耐冲击,具 PP/ABS 特性	可减缓固化速度,灌注较大厚度之试作件	耐高温,具 PP/ABS 特性

12.3　低压灌注模具制作

12.3.1　制作方法

低压灌注模具与硅胶模具有本质上的区别。真空注塑采用的是硅胶模具,低压灌注模具采用耐压、抗变形、复位优良、收缩率超低、韧性高、高抗撕裂强度的聚氨酯材料制成,其动模软硬度可调,适用于粗放式工作和储存。

1. 制作法一(见图 12 – 4)

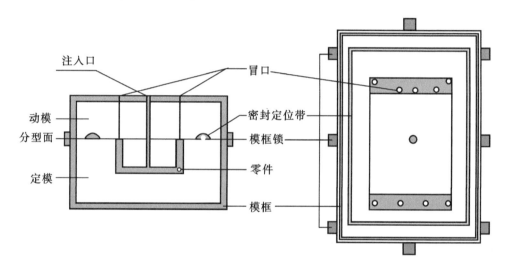

图 12 – 4　低压灌注模具示意图

(1)订做二个模框,对开形式,安装好铰链、定位销和模框锁,上下模框底部留出浇道口。

(2)做出原型件理论分型面。

(3)将原型件放入定模,沿分模线将定模部分封闭。

(4)按定模模框算出定模用料量。长 * 宽 * 高 * 比重＋料杯挂料量＝ 实际用料量。

(5)称量原料加固化剂,搅拌均匀后在真空下注入定模。

(6)待定模模框中的聚氨酯固化后,将模具翻转,去除封闭材料,清理、吹净、修整定模分型面,涂抹分型剂。

(7)连接好定模和动模模框,重复第(4)、(5)条。

(8)待动模固化后开模,取出原型件,试模。

(9)修正模具,投入生产。

2. 制作法二(见图 12-5)

第二种制作方法称为无模框制作法。其制作时的模框为一次性,模具靠自身定位,零件制作时,模具的锁紧力来自马蹄钳,此法简单、易操作。

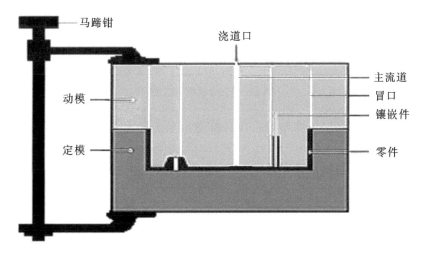

图 12-5　无模框制作模具示意图

3. 模具和零件展示(见图 12-6)

图 12-6　低压注塑模具制造和成型零件

12.3.2　低压灌注玻璃钢模具制作

(1)玻璃钢模具制造是将原型件沿分模线分上下两面。

(2)将底面用石膏或橡皮泥做一分模面,如图 12-7 所示。

(3)在零件表面刷涂硅橡胶或聚氨酯,视零件大小决定涂层厚度。一般涂层在 10—25 mm 左右。

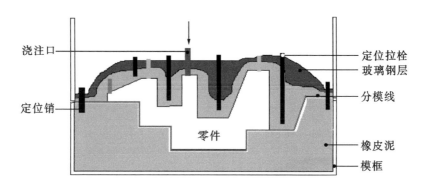

图 12-7 分模面示意图

（4）玻璃钢加固层主要考虑抗压和抗变形来决定其厚度，局部和定位部位需加厚。

（5）做好一面后再翻过来做另一面，待两面完成后就可以对模具进行初次的维护和调修。

试模时请注意模具的抗压变形，浇冒口的位置是否合适等。

12.3.3　低压注塑成型工件缺陷分析

1. 材料脆化，韧性差

原因：

（1）混合比例失调；

（2）材料过期；

（3）成型后，模具（含零件）未经后固化工艺。

2. 翘曲变形

原因：

（1）过早脱模，应力释放不及而导致翘曲变形；

（2）模具设计不合理；

（3）模具内部温度场分布不均；

（4）制品局部设计尺寸差过大引起的内应力释放不均；

（5）脱模力过大，人为的误操作因素。

3. 充填不足

原因：

（1）供料断档；

(2)低温导致的黏度增高阻碍了进料；

(3)模具局部存在滞气室；

(4)注料口和流道设计错误；

(5)模具过大、流道过长超过材料可操作时间。

4. 局部不固化

原因：

(1)材料过期；

(2)双组份原料混合不匀；

(3)定量泵选择错误；

(4)脱模太早。

5. 厚飞边

原因：

(1)合模力不够和锁模力偏向；

(2)模具分型面夹渣；

(3)模具分型面异常、缺损引起的飞边过厚；

(4)流动黏度导致的局部压力过大；

(5)模具设计错误,分型面过于单薄；

(6)模框结合处或模具锁扣间隙过大。

6. 零件表面质量太差

原因：

(1)模具表面质量未达标；

(2)浮于表面但未破的气泡引起的鼓面；

(3)未使用脱模剂而导致的结合面粘连拉脱。

(4)材料出现结晶或杂质。

7. 气泡

原因：

(1)原料受潮过期；

(2)注入储液罐的原料未经静置就开始工作,导致原料中的空气带入模具腔体,模具摆放工位不当；

(3)原料受污染引起的发泡；

(4)选用脱模剂不当。

8. 尺寸误差

原因：

（1）尺寸误差会带来批件之间的一致性差，一般归操作人员的经验所致。

（2）模具温度、温度场分布、原料温度、脱模时间控制需结合现场同步考虑。

9. 人为因素

人员因素很复杂。首先是个人技术综合素质，技术上它表现在系统考虑排查问题、现场的温度、模具温度场分布、模具摆放位置、模具内压力场分布、同步解决问题的能力等方面。以上所述都是制约低压灌注技术发展的核心问题，又是一个激励人奋进的综合考验。

12.3.4　模具缺陷分析

1. 浇道口选择不当

造成局部或大面积缺陷。

解决方法：堵塞原有浇道口，重新开浇道口。

2. 冒口预选错误

造成不起作用，原料流失。

解决方法：根据试打样件，堵塞原冒口，在零件缺陷处对应重新开启新冒口。

3. 错误的分型面

导致合模出现模具缩移。

解决方法：重新开一套新模具。

4. 合模偏移

在设计和制作模具中，缺失模具环形封闭定位线，造成模具整体的偏移，结果是零件出现两边厚度不匀。

解决方法：加装定位柱。

5. 模具在工作中中间鼓起

模具用料太过节省，造成抗压性能失效，零件局部尺寸超标。

解决方法：补浇模具用料，增加模具厚度。

6. 人为因素

12.4　低压灌注工艺特性

低压灌注成型过程是一个涵盖化学、物理、流体力学等多方面知识的综合成型过程。在混合头产生化学交联式反应，注入模具开始应用封闭流体力学，同时产生化学反应、温升、流动黏度增大、流体阻力增强等，受模具限制成型件又有其特定的物理塑性。

12.4.1　低压灌注工艺优点

(1)低压注塑降低了模具的锁合力使得成本降低,制作周期缩短;

(2)加工工艺清洁;

(3)成型温度低,节省能源消耗;

(4)成型压力低,低于 1.0 MPa,成型设备和模具的造价低,适合小批量生产;

(5)成型品的边角余料少,材料利用率高;

(6)模具制造容易,大型、复杂型部件可随意成型;

(7)应用领域非常广泛,如汽车内外饰大型塑件,电视机、计算机、控制台外壳、家具仿木制品,管道、冷藏器、热水锅炉、冰箱等的隔热材料;

(8)设计自由,壁厚悬殊的产品可整体成型;

(9)产品表面质量高,涂覆性能好且模内可刷漆;

(10)可成型发泡或弹性的零件;

(11)更容易定位、预埋镶嵌件;

(12)PU 原料经过配方可以成型硬质、半硬质、自结皮泡沫、高回弹、慢回弹等硬度、密度和弹性不同的产品,满足各种不同的需求;

(13)很多种嵌入件都可以在注射 RIM 材料前放入模具中,这样,在成型过程中 RIM 材料就完成了嵌入件的封装,结构框架、电子器件、磁铁、电池、天线等都可以用 RIM 工艺封装,进而减少甚至是消除二次加工环节,减少装配工时。

(14)PU 聚氨酯具有强度高、耐冲击性、耐磨性、耐低温性和耐油、耐化学品等优点,广泛应用于汽车及其改装市场、医疗器械、仪器仪表、电子、运动休闲、工业及商业设备等领域。

12.4.2　RIM 工艺缺点

(1)低压灌注产品在生产过程中需要一定的经验,由于模具结构的复杂性,使得在注射过程需随时调控,因此人为因素很重要;

(2)原料有效期较短;

(3)材料成型过程不可逆,材料不能回收循环使用;

(4)选择正确的脱模剂,以免零件表面产生过多的气孔;

(5)选择正确的开模时间,以免零件翘曲变形;

(6)掌握正确的混合比例,以防局部不固化;

(7)锁紧力的掌控要适当,以免飞边过厚;

(8)注意浇冒口的调节,以避免残缺和残次品。

12.4.3　RIM 工艺生产制品特点

(1)产品设计自由度大,可以生产大尺寸部件;

(2)成型压力低(0.35—1 MPa),比注塑工艺的压力低很多;

(3)反应成型时无模内应力;

(4)随着增强材料的加入,制品的耐磨性和耐热性可得到提高;

(5)制品的收缩率低,尺寸稳定性好;

(6)制品表面质量好,可进行在线喷漆;

(7)原料可着色;

(8)成型后的材料具有热固性性质。

(9)双组分材料的聚合、交联反应、温度反应在模具内生成。

12.5　小　结

低压灌注工艺是一门复合学科,所涉及到的科学技术有高分子化学、快速模具设计、钣金、CAD 设计、流道分析等,不同学科之间的有机衔接、调整、整合是对操作者的挑战。

熟练选择性价比合适的模具用料,根据设计要求,选择性能最佳的成型零件用料,综合预判结果,避免报废率过高造成成本和时间的耗损。

(1)做一套低压注塑模具,学会和掌握预开浇冒口。

(2)利用所做模具,学会制造零件。

(3)总结模具和零件制造过程中的难题,写一份实验报告。

要求:实验前,写出模具模拟制造分析报告。拟采取何种零件摆放位置,这样摆放有何优劣之分。实验后,写出实际工作结果和模拟报告的分析。

零件制造也作此要求。

快速模具技术在经历了模型与零件试制、快速树脂软模制造阶段后,目前正向快速金属模具制造(RMT)方向发展。发展于 20 世纪 90 年代的快速原型技术(RP 或 RPM)已经能非常成功地制作包括树脂、塑料、纸类、石蜡、陶瓷等材料的原型,但往往不能作为功能性零件,只能在有限的场合用来替代真正的金属和其它类型功能零件做功能实验,并且需要专门的设备。以上局限性限制了该技术的广泛应用。传统技术如精密铸造、消失模成型等经过长期发展,已相对成熟,但不能适应信息时代的快速柔性要求,因此在未来一段时期内,必须将快速成型技术与传统成型技术结合起来,开发尺寸稳定性好的制模材料,实现制模过程的短流程化和工作环境的安定化以提高模具精度,实现模具的敏捷化制造。

练习题

1. 什么是低压反应注射成型?
2. 低压成型模具用料有哪几类?
3. 简述低压反应注射设备工作原理。
4. 分型面出现错误可补救吗?
5. 错开浇道口怎么办?